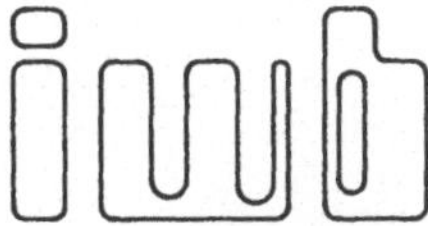

Forschungsberichte · Band 44

Berichte aus dem
Institut für Werkzeugmaschinen
und Betriebswissenschaften
der Technischen Universität München

Herausgeber: Prof. Dr.-Ing. J. Milberg

Markus Petry

Systematik zur Entwicklung eines modularen Programmbaukastens für robotergeführte Klebeprozesse

Mit 106 Abbildungen

Springer-Verlag
Berlin Heidelberg GmbH 1992

Dipl.-Ing. Markus Petry
Institut für Werkzeugmaschinen und Betriebswissenschaften (iwb), München

Dr.-Ing. J. Milberg
o. Professor an der Technischen Universität München
Institut für Werkzeugmaschinen und Betriebswissenschaften (iwb), München

D 91

ISBN 978-3-540-55374-8 ISBN 978-3-662-10193-3 (eBook)
DOI 10.1007/978-3-662-10193-3

Ursprünglich erschienen bei Springer-Verlag Berlin Heidelberg New York 1992

Gesamtherstellung: Hieronymus Buchreproduktions GmbH, München
62/3020-543210

Geleitwort des Herausgebers

Die Verbesserung der Fertigungsmaschinen, der Fertigungsverfahren und der Fertigungsorganisation zur Steigerung der Produktivität und Verringerung der Fertigungskosten ist eine ständige Aufgabe der Produktionstechnik. Die Situation in der Produktionstechnik ist durch abnehmende Fertigungslosgrößen und zunehmende Personalkosten sowie durch eine unzureichende Nutzung der Produktionsanlagen geprägt. Neben den Forderungen nach einer Verbesserung der Mengenleistung und der Arbeitsgenauigkeit gewinnt die Steigerung der Flexibilität von Fertigungsmaschinen und Fertigungsabläufen immer mehr an Bedeutung. In zunehmendem Maße werden Programme, Einrichtungen und Anlagen für rechnergestützte und flexibel automatisierte Produktionsabläufe entwickelt.

Ziel der Forschungsarbeiten am Institut für Werkzeugmaschinen und Betriebswissenschaften der Technischen Universität München *(iwb)* ist die weitere Verbesserung der Fertigungsmittel und Fertigungsverfahren im Hinblick auf eine Optimierung der Arbeitsgenauigkeit und Mengenleistung der Fertigungssysteme. Dabei stehen Fragen der anforderungsgerechten Maschinenauslegung sowie der optimalen Prozeßführung im Vordergrund. Ein weiterer Schwerpunkt ist die Entwicklung fortgeschrittener Produktionsstrukturen und die Erarbeitung von Konzepten für die Automatisierung des Auftragsdurchlaufs. Das Ziel ist eine Integration der technischen Auftragsabwicklung von der Konstruktion bis zur Montage.

Die im Rahmen dieser Buchreihe erscheinenden Bände stammen thematisch aus den Forschungsbereichen des *iwb* : Fertigungsverfahren, Werkzeugmaschinen, Fertigungsautomatisierung und Montageautomatisierung. In ihnen werden neue Ergebnisse und Erkenntnisse aus der praxisnahen Forschung des *iwb* veröffentlicht. Diese Buchreihe soll dazu beitragen, den Wissenstransfer zwischen dem Hochschulbereich und dem Anwender in der Praxis zu verbessern.

Joachim Milberg

Vorwort

Die vorliegende Dissertation entstand neben meiner Tätigkeit als Mitarbeiter am Institut für Montageautomatisierung GmbH *(ifm)*.

Besonders danken möchte ich Herrn Prof. Dr.-Ing. J. Milberg, dem Leiter des Lehrstuhls für Werkzeugmaschinen und Betriebswissenschaften *(iwb)* an der Technischen Universität München sowie des oben genannten Instituts, der mir die Bearbeitung der Thematik ermöglichte und durch kritische Anregungen und wertvolle Hinweise meine Arbeit stets wohlwollend unterstützte.

Herrn Prof. Dr.-Ing. S. Böttcher, dem Inhaber des Lehrstuhls für Förderwesen der Technischen Universität München, danke ich für das meiner Arbeit entgegengebrachte Interesse und die Übernahme des Korreferats.

Desweiteren danke ich Herrn Prof. Dr.-Ing. K. Feldmann, dem Inhaber des Lehrstuhls für Fertigungsautomatisierung und Produktionstechnik der Friedrich-Alexander-Universität Erlangen-Nürnberg, für die kritische Durchsicht der Arbeit, den sich daraus ergebenden Anregungen sowie der Übernahme des zweiten Korreferats .

Mein Dank gilt ebenfalls Herrn Dr.-Ing C. Maier, dem Geschäftsführer des Instituts für Montageautomatisierung, der mir die Bearbeitung der vorliegenden Dissertation ermöglichte.

Schließlich möchte ich mich bei allen Mitarbeiterinnen und Mitarbeitern des ifm und des iwb sowie allen Studenten, die mich bei der Erstellung der Arbeit unterstützt haben, recht herzlich bedanken.

Nicht zuletzt gilt auch meiner Frau ein herzliches Dankschön für ihre Geduld und Unterstützung während der Erstellung der vorliegenden Arbeit.

München, im Oktober 1991 *Markus Petry*

Alles Bedeutende ist unbequem !

Goethe

Meinen Eltern

Inhaltsverzeichnis I

Abkürzungen

1K	Einkomponenten Kleber
2K	Zweikomponenten Kleber
AUT	Automatik Test Betrieb
AUZ	Automatik Zyklus Betrieb
AWL	Anweisungsliste
CAD	Computer aided Design
CAM	Computer aided Manufacturing
CAQ	Computer aided Quality Assurance
CIM	Computer integrated Manufacturing
CNC	Computer Numeric Control
COSIRO	Computer aided Simulation of Indusdrial Robots
FUP	Funktionsplan
GWS	Greifer-Wechsel-System
HAND	Einricht- und Teach-Modus
IR	Industrieroboter
KOP	Kontaktplan
NC	Numeric Control
PG	Programmiergerät
RC	Robot control
RCM	Robotersteuerung der Siemens AG
SPS	Speicher-Programmierte-Steuerung
SRCL	Siemens Robot Control Language
STEP5	Programmiersprache für Siemens-SPS
TCP	Tool Center Point
WOP	Werkstattorientiertes Programmieren
WST	Werkstückträger

1. Einleitung und Aufgabenstellung

Die Verbesserung von Fertigungsmaschinen, Fertigungsverfahren und Fertigungsorganisation im Hinblick auf die Erhöhung der Produktivität und die Verringerung der Fertigungskosten ist eine ständige Aufgabe der Produktionstechnik /1.1/. Die für die Produktion und die Planung zur Verfügung stehenden Komponenten (wie Leit- und Zellenrechner, NC- und Robotersteuerungen sowie PPS, CAM, CAD, aber auch Industrieroboter, Werkzeugmaschinen, Sensoren, etc.) haben für sich betrachtet nicht nur einen hohen Entwicklungsstand erreicht, sondern mit der Entwicklung standardisierter Schnittstellen und Übertragungsprotokolle (Feldbus, MAP, etc.) stehen jetzt auch die Werkzeuge zur Verknüpfung der Komponenten der rechnerintegrierten Fabrik zur Verfügung (Abb. 1-1).

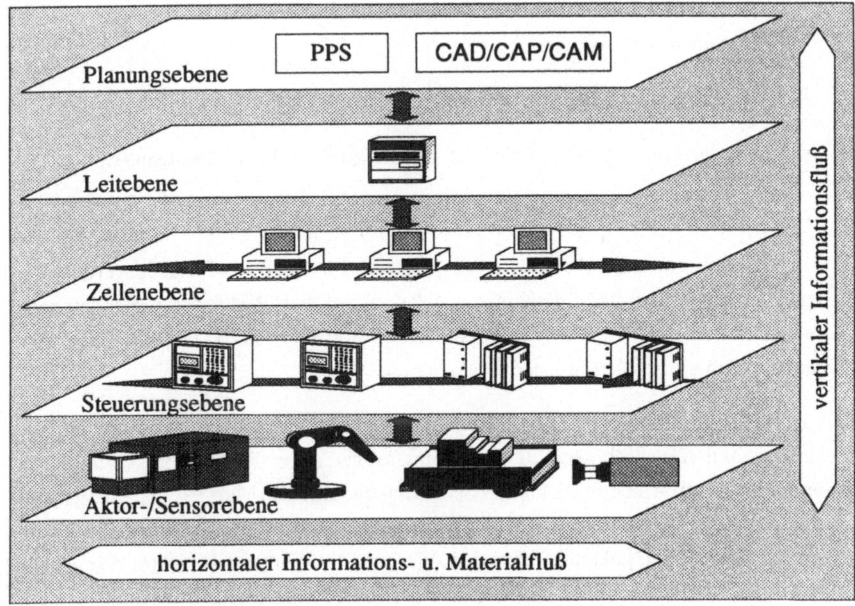

Abb. 1-1: Ebenenmodell der rechnerintegrierten Fabrik

Das betriebliche Umfeld der Gegenwart ist durch einen starken Wandel seiner Randbedingungen gekennzeichnet. Nahezu alle Industrieunternehmen sind gefordert, durch eine Änderung ihrer Produktionsphilosophie auf diesen Wandel zu reagieren. Dieser Wandel läßt sich auf folgende Änderungen zurückführen:

- Rivalität unter bestehenden Wettbewerbern durch das Verhalten der Kunden /1.2/,
- zunehmender Kostendruck /1.3/,
- verstärkter internationaler Wettbewerb /1.3/,
- größere Anzahl von Mitbewerbern und somit wachsende Konkurrenz /1.4/,
- konjunkturelle Einflüsse /1.4/,
- Verkürzung der Produktlebenszyklen /1.5/,
- Zunahme der Variantenvielfalt /1.6/,
- größere Leistungsdichte in den Geräten /1.7/ und
- steigende Unsicherheit über mittel- und langfristige Entwicklungen /1.8/.

Die zunehmend umfangreicheren Produktpaletten, die stetig abnehmenden Produktlebenszyklen sowie der steigende Konkurrenzkampf auf dem Weltmarkt verlangen neue Konzepte, um dem Kundenwunsch nach Preiswürdigkeit, Qualität und schneller Auftragsabwicklung gerecht zu werden /1.9/.

Die Unternehmen können diesem Wandel in dem Maß gerecht werden, wie sie ihre Reaktions- und Anpaßfähigkeit steigern. Ein entscheidender Wettbewerbsvorteil eines Unternehmens ergibt sich somit aus der Schnelligkeit, auf neue Marktentwicklungen und Tendenzen zu reagieren. Gerade bei den kürzeren Produktlebenszyklen, durch die unsere Märkte mehr und mehr gekennzeichnet sind, gewinnt der Wettbewerbsfaktor Zeit gegenüber Kostenfaktoren in der Produktion oder im Forschungs- und Entwicklungsbereich erheblich an Bedeutung /1.5/. Die Grundlagen für den Erfolg liegen dabei einerseits in dem guten Produkt selbst bzw. in seiner schnellen Entwicklung, ebenso wichtig ist jedoch eine ausgereifte, flexible Produktionstechnik /1.8/.

Flexible Fertigungs- und Montagezellen als Komponenten der Werkstattebene stellen einen Teil dieser Produktionstechnik dar. Sie müssen ebenso diesen Anforderungen gerecht werden. Nur durch kurze Umrüstzeiten, flexible Konzeption und hohe Verfügbarkeiten ist eine hohe Produktivität und schnelle Anpassung an sich ändernde Fertigungs- und Montageaufgaben zu erwarten.

Bei der mechanischen Hardware besteht für eine Vielzahl der Komponenten der Zugriff auf standardisierte Einrichtungen. Dazu zählen beispielsweise Industrieroboter, Werkzeugmaschinen sowie Komponenten der Fördertechnik. Im Gegensatz dazu stellt die Software für die Steuerungsabläufe in einer flexiblen Fertigungs- oder Montagezelle eine Einzelentwicklung dar. Im Hinblick auf die Vielschichtigkeit der Anwendungen resultiert ein großer Komplexitätsgrad. Aufgrund ihrer Komplexität liegt der Aufwand hierfür in der Regel um ein Vielfaches höher als für die Hardware /1.10/. Das zeitaufwendige Austesten und Entfernen von Programmfehlern ist die Folge. Kennzeichnend für solche Zellen sind neben den hohen Investitionskosten somit die sehr langen Inbetriebnahmezeiten.

Weiterhin ist zu beobachten, daß solche Inbetriebnahmen unter einem großen Zeitdruck durchgeführt werden müssen. In vielen Fällen beginnt die Programmentwicklung erst nach der Installation der Hardware. Der Programmentwickler ist gezwungen, sein Programm unter hohem Zeitdruck zu schreiben. Die Folge sind Programme, die für einen speziellen Anwendungsfall geeignet sind. Eine Wiederverwendung des Programmes auf ähnliche Problemstellungen ist nicht gegeben. Der Grund für die schlechte Übertragbarkeit liegt meist in dem unter Zeitdruck enstandenen unstrukturierten Programmaufbau. Dieser unstrukturierte Aufbau wird meist noch durch die Integration nachträglicher Kundenwünsche gefördert. Diese Vorgehensweise führt zu unüberschaubaren Programmen, deren Pflege und Dokumentation sich überdies schwierig gestaltet. Für den Anwender ergibt sich infolge dessen eine Abhängigkeit vom Programmlieferanten, oftmals sogar von einem speziellen Programmierer.

Ein weiteres Defizit liegt häufig in der mangelnden Prozeßbeherrschung. Entscheidend für die Nutzung moderner Fertigungsanlagen ist eine sichere Prozeßtechnik; gerade diese wurde zu oft vernachlässigt /1.11/. Für eine eingehende Prozeßentwicklung fehlt die Zeit, so daß der Prozeß für die jeweilige Anwendung meist nur unter ganz speziellen Randbedingungen lauffähig ist. Das Prozeßwissen steigt zwar mit der Entwicklung ähnlich gelagerter Applikationen, jedoch wird weitgehend auf eine systematische Prozeßentwicklung verzichtet. Es fehlt somit an dokumentiertem prozeßspezifischem Basiswissen, das für ein breites Spektrum möglicher Einsatzgebiete zur Verfügung steht.

Gerade bei komplexen robotergeführten Prozessen wie dem Kleberauftrag erscheint der Rückgriff auf dokumentiertes und damit wiederverwendbares Prozeßwissen immer wichtiger. Das Aufbringen von Klebern und Pasten sind Applikationen, die erst seit relativ kurzer Zeit mit Industrierobotern sinnvoll gelöst werden können /1.12/. Diese Entwicklung ist historisch begründet, denn bisher dominierten in der Montage Schweißen, Schrauben und Nieten, wenn es um Verbindungstechnik ging /1.13/. Durch die Substitution metallischer Werkstoffe durch Kunststoffe kann zukünftig davon ausgegangen werden, daß Klebeapplikationen mit Robotern zunehmen werden. Beispiele für Applikationen aus dem Bereich der Automobilindustrie stellen das Kleben von PKW-Scheiben oder das Auftragen von Kleber in die Umbördelungsnaht der Rohkarosse dar. In der Kleinteilefertigung ist das Auftragen von Dichtstoffen auf Gehäuse- und Deckelteile zu finden. Anwendungsfälle aus der Hausgeräteindustrie stellen Herdtüren und Kochfelder dar.

Nur durch eine ganzheitliche Betrachtung, bei der Prozeßentwicklung und Programmstrukturierung miteinander verbunden werden, kann eine Situationsverbesserung erreicht werden. Das anzustrebende Ziel muß zu einer Flexibilitätststeigerung führen, die sich vorallem in kurzen Programmentwicklungs- und Inbetriebnahmezeiten niederschlägt. Ebenso wichtig ist in diesem Zusammenhang die Tatsache, daß bereits vollzogene Entwicklungsleistungen wiederverwendet werden können.

Im Rahmen dieser Arbeit soll eine systematische Vorgehensweise zum Entwickeln eines modularen Programmbaukastens aufgezeigt werden. Mit Hilfe dieses modularen Programmbaukastens ist es möglich, strukturierte Roboterprogramme für beliebige Aufgabenstellungen aus dem Bereich des Kleberauftrages mit Industrieroboter zu erstellen. Einzelne Programmodule können als wiederverwendbare Elemente im modularen Programmbaukasten abgelegt werden.

2. Stand der Technik

2.1. Stand der Technik bei Industrierobotern

2.1.1. Einsatz und Entwicklungsstand

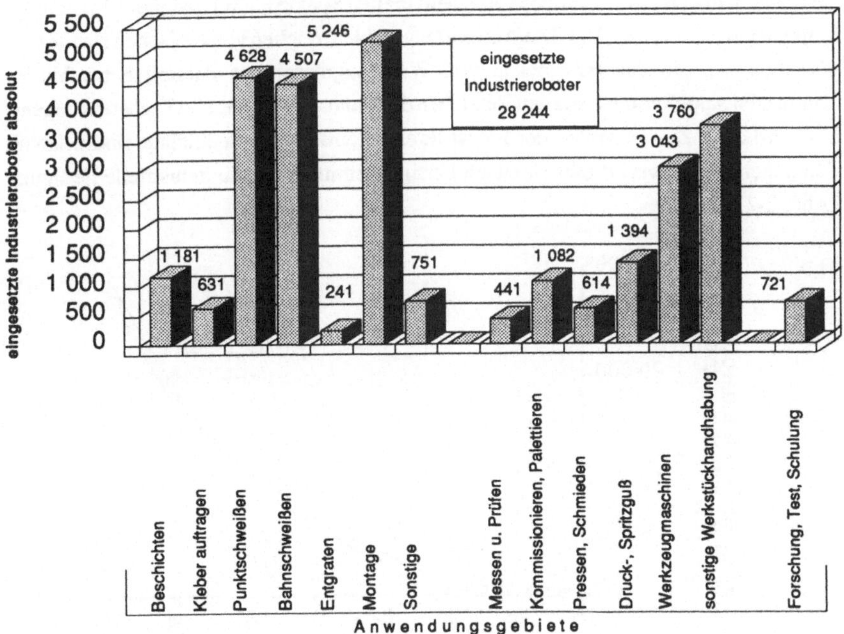

Abb. 2-1: Industrierobotereinsätze in der Bundesrepublik Deutschland 1990, Quelle /2.1/

Der Industrieroboter nimmt heute als Standard-Komponente in flexiblen Fertigungs- oder Montagezellen eine Schlüsselposition ein. Diese Tatsache begründet sich aus der systemimmanenten Flexibilität sowie der ausgereiften Konstruktion der Maschinen. Nach VDI 2860 /2.2/ läßt sich ein Industrieroboter wie folgt definieren:

Industrieroboter sind universell einsetzbare Bewegungsautomaten mit mehreren Achsen, deren Bewegungen hinsichtlich Bewegungsfolge und Wegen bzw. Winkeln frei (d.h. ohne mechanischen Eingriff) programmierbar und gegebenenfalls sensorgeführt sind. Sie sind mit Greifern, Werkzeugen oder anderen Fertigungsmitteln ausrüstbar und können Handhabungs- und/oder Fertigungsaufgaben ausführen.

So findet man den Industrieroboter in einem breiten Spektrum industrieller Einsatzmöglichkeiten wieder (Abb. 2-1). Die Anwendungsgebiete reichen von einfachen Handlingsaufgaben wie sie das Beschicken von Werkzeugmaschinen darstellen bis hin zu komplexen Applikationen aus den Bereichen des Bahnschweißens und Kleberauftragens. Die jährlichen Zuwachsraten der Industrierobotereinsätze verdeutlichen eindrucksvoll den hohen Stellenwert dieses flexiblen Fertigungsmittels für die industrielle Fertigung (Abb. 2-2).

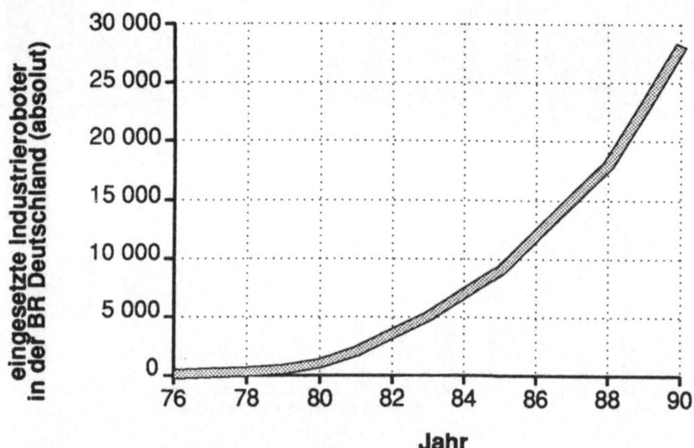

Abb. 2-2: Entwicklungskurve der Robotereinsätze seit 1976, Quelle /2.1/

Auffallend ist der steile Anstieg der Zuwachsraten seit Beginn der 80-er Jahre. Begründet liegt dies in der historischen Entwicklung der Industrieroboter. Zunächst standen einfache Handlings- und Punktschweiß-Applikationen mit Punkt-zu-Punkt-Steuerungen im Vordergrund. Erst seit Anfang der 80-er Jahre werden dynamisch genauere Roboter in Verbindung mit leistungsfähigen Bahnsteuerungen angeboten. Dadurch eröffneten sich für die Industrieroboter vielfältige industrielle Einsatzmöglichkeiten. Vor diesem Hintergrund konnte auch die Verwendung der Industrieroboter für anspruchsvolle Anwendungen im Rahmen von Forschungs- und Entwicklungsarbeiten näher untersucht werden. Standen anfangs die reinen Prozeßuntersuchungen im Vordergrund /2.3, 2.4, 2.5/, so beschäftigen sich neuere Arbeiten, meist im Rahmen von CAD/CAM-Kopplungen, mit dem Rechnereinsatz zur Planung und Entwicklung von Roboterprogrammen /2.6, 2.7, 2.8/.

2.1.2. Klassifizierung der Einsätze von Industrierobotern

Überwiegend werden Robotereinsätze nach ihrer Aufgabe eingeordnet und demnach klassifiziert (vgl. Abb. 2-1). Ganzheitlich betrachtet ergeben sich bei einer solchen Klassifizierung jedoch Überschneidungen, da oft identische Operationen in unterschiedlich klassifizierten Anwendungen zum Einsatz kommen. So ist beispielsweise das Greifen eines Drehteiles von einer Werkstückpalette in Verbindung mit dem anschließenden Beschicken einer Werkzeugmaschine ähnlich dem Aufnehmen eines Montageteils von einem Werkstückträger und dem darauf folgenden Fügen während des Montageprozesses. In beiden Füllen existiert eine identische Abfolge aus Greifen, Bewegen und Loslassen. Allgemeingültiger erscheint eine Differenzierung nach dem Grad der Aufgabenverteilung zwischen Roboter und eingesetztem Effektor. Dieser gewählte Ansatz unterscheidet drei Klassifizierungsmerkmale für Einsatzfälle von Industrierobotern (Abb 2-3):

- robotergestützte,
- effektorgestützte und
- vernetzte Einsätze.

Unter *robotergestützt* sind Anwendungen einzuordnen, bei denen die Bewegungsfähigkeit des IR die Voraussetzung für die Prozeßdurchführbarkeit darstellt. Die Aufgabe des Effektors beschränkt sich auf Greiffunktionen, die beispielsweise mit Hilfe von Saugern, Magneten oder Greifbacken ausgeführt werden. Der Effektor stellt somit die Schnittstelle zu den zu handhabenden Objekten dar. Den steuerungstechnischen Aufwand für den Effektor übernimmt die Roboter-Steuerung. Ein Beispiel für eine solche Anwendung stellt das Beschicken von Werkzeugmaschinen mit Rohteilen sowie das anschließende Palettieren der Fertigteile dar.

Klassifizierung der Robotereinsätze		
robotergestützt	effektorgestützt	vernetzt
beliebige Greifeffektoren für: - alle Handlingsaufgaben - alle Montageaufgaben mit Greifeffektoren	Sondereffektoren zum: - Schrauben - Nieten - Punktschweißen - Klebepunktauftrag - Klipsen	technologiebehaftete Applikationen wie: - Bahnschweißen - Laserschweißen - Laserschneiden - Entgraten - Schäumen - Kleben

Abb. 2-3: Allgemeine Klassifizierung für Einsätze von Industrierobotern

Eine Anwendung ist *effektorgestützt*, wenn der Effektor alle Funktionen die zur Bewältigung des Prozesses dienen ohne Zutun des IR ausführt. Meist ist der Effektor die Komponente eines kompletten System, das darüber hinaus aus Bereitstellung-, Vereinzelungs- und Zuführungseinrichtungen bestehen kann. So besitzen diese Systeme i.d.R. eine eigene Steuerung, die in Ausnahmefällen von der Roboter-Steuerung substituiert werden kann. Der Industrieroboter selbst hat im System nur die Aufgabe, den Effektor zu handhaben sowie am Wirkort zu positionieren. Zu den effektorgestützten Anwendungen gehören z.B. das automatische Schrauben, das automatische Nieten,das automatische Klipsen oder das Punktschweißen mit Industrierobotern.

Die *vernetzten Einsatzfälle* zeichnen sich durch das unmittelbare Zusammenspiel von Roboterbewegung und Effektorverhalten sowie durch die datentechnische Verknüpfung der Steuerungen während der Prozeßdurchführung aus. Der Komplexitätsgrad der an die einzelnen Systeme gestellten Anforderungen kann davon unabhängig sehr hoch sein. Man kann in diesem Zusammnenhang auch von technologiebehafteten Applikationen sprechen. Typische Beispiele aus dem Bereich der industriellen Fertigung stellen das Bahn- und Laserschweißen, das Entgraten sowie das Auftragen von Klebern, Pasten und Schäumen dar.

2.1.3. Genauigkeiten von Industrierobotern

Die Eignung eines bestimmten Industrierobotertypes für eine spezielle Fertigungsaufgabe hängt von einer Vielzahl von Kriterien ab. Neben kinematischer Struktur, Arbeitsraum und Handhabungsgewicht ist dabei die Arbeitsgenauigkeit eines Gerätes von entscheidender Bedeutung, denn auch sie zählt zu den Kriterien, die eine Industrieroboteranwendung unmöglich machen können /2.9/. In den VDI-Richtlinien 2861 /2.10/ und 3441 /2.11/ sind die für Handhabungseinrichtungen und Werkzeugmaschinen wesentlichen Kenngrößen festgehalten. Im Rahmen dieser Arbeit sind hinsichtlich des Einsatzes von Industrierobotern zwei Kenngrößen von Bedeutung:

- die Wiederholgenauigkeit und
- die Positionierunsicherheit.

Die *Wiederholgenauigkeit* gibt die Streuung der Istposition gegenüber einer anzufahrenden Sollposition an. Sie ist definiert als die mittlere Streubreite der Abweichungen, die sich beim wiederholten Anfahren eines willkürlich gewählten Anfahrpunktes ergeben. Diese Sollposition wird dazu mit eingeprägter Nennlast aus unterschiedlichen Richtungen mehrmals angefahren. Die Wiederholgenauigkeit kann ebenso für die Bahngenauigkeit gemessen werden. Hier steht die Genauigkeit, mit der eine programmierte Bahnkurve vom IR bei Wiederholungen abgefahren wird, im Vordergrund der Untersuchungen.

Die *Positionierunsicherheit* gibt die ermittelte, absolute Gesamtabweichung der Soll- und der Istlage eines in einem Bezugssystem definierten, anzufahrenden Raumpunktes an. Dabei werden die systematischen und zufälligen Abweichungen berücksichtigt. Zu den systematischen Abweichungen gehört die Positionierabweichung (größte Abweichung zwischen Lageistwert und Lagesollwert) und die Umkehrspanne (Differenz der Mittelwerte der Meßwerte der Anfahrrichtungen). Die Positionierstreubreite (arithmetischer Mittelwert aller gemessenen Streubreiten) erfaßt die zufälligen Abweichungen. So ergibt sich für jeden Raumpunkt eine eigene Positionierunsicherheit. Je größer die Positionierunsicherheit der einzelnen Punkte ist, um so abweichender stellen sich die abzufahrenden Bewegungsbahnen des IR von der Sollbahn ein (Abb. 2-4).

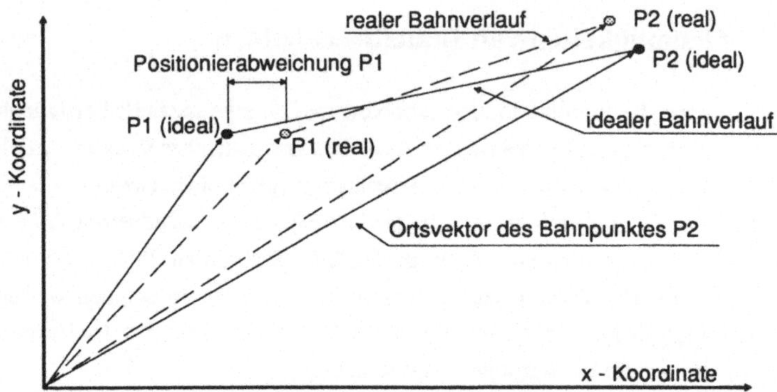

Abb. 2-4: Auswirkung der Positionierunsicherheit auf die Bahngenauigkeit des IR

Die Angabe der Wiederholgenauigkeit wird heute als Leistungsmerkmal von allen Roboterherstellern in ihren Gerätebeschreibungen angegeben. Als gebräuliche Form existiert eine absulote Toleranzangabe in der Einheit Millimeter. Somit kann dem Industrieroboter eine Wiederholgenauigkeitsklasse von *grob* bis *sehr genau* zugeordnet werden (Abb. 2-5).

Wiederholgenauigkeitsklassen			
grob	**mittel**	**genau**	**sehr genau**
≤ +/- 5 mm	**≤ +/- 1 mm**	**≤ +/- 0,1 mm**	**≤ +/- 0,05 mm**

Abb. 2-5: Wiederholgenauigkeitsklassen für Industrieroboter, n. Quelle /2.12/

Neben der Wiederholgenauigkeit spielt für zukünftige Einsätze in zunehmendem Maß die Positionierunsicherheit eine Rolle. Vor dem Hintergrund anlagenfern erstellter Roboterprogramme ist die Einhaltung numerisch vorgegebener Raumpunkte von entscheidender Bedeutung. Nur so können exakte Bewegungsbahnen ohne Nachkorrektur sicher und ohne direkte Verwendung des Roboters erzeugt werden. Hinsichtlich der Positionierunsicherheit der Geräte fehlen bei fast allen Herstellern konkrete Angaben.

Abb. 2-6: Einflußgrößen auf die Positionierunsicherheit, n. Quelle /2.13/

Das kinematische Verhalten eines IR läßt sich durch seine Wiederhol- und seine Positionierunsicherheit ausdrücken. Bei der dynamischen Betrachtung steht darüber hinaus das Schwingungsverhalten sowie die Dämpfung der Schwingung im Vordergrund. Zur Kompensation der vorhandenen Ungenauigkeiten werden in der Forschung und Entwicklung zwei prinzipielle Möglichkeiten verfolgt. Der eine Ansatz beschäftigt sich mit den Ursachen (Abb. 2-6), so daß die Verbesserung der Positionsregelung der Roboter /2.14, 2.15, 2.16/ sowie deren konstruktive Gestaltung im Vordergrund stehen. Der zweite Ansatz befaßt sich mit der Wirkung, indem das Wissen über die realen Positionsabweichungen zur Off-line-Kompensation /2.17, 2.18, 2.19/ herangezogen wird.

2.1.4. Aufbau von Industrierobotern

Nach der Definition der VDI 2860 ist der Aufbau eines Industrieroboters durch die kinematische Kopplung mehrerer Achsen gekennzeichnet. Zur vollständigen kinematischen Beschreibung der Lage (Translation) und der Orientierung (Rotation) eines Körpers im Raum werden sechs Freiheitsgrade benötigt. Die Anzahl der Freiheitsgrade eines Industrieroboters steht in direktem Zusammenhang zu seiner Achsenzahl. Dabei können Linear- und/oder Rotationsachsen Verwendung finden. Die Roboterachsen eins bis drei werden als *Grundachsen* bezeichnet. Die Achsen vier bis sechs heißen *Handachsen.* Gemäß der Definition nach VDI 2860 müssen Industrieroboter nicht zwingend sechs Achsen besitzen. Aus der Vielzahl der möglichen Kombinationsmöglichkeiten von linearen und rotatorischen Achsen haben sich drei gängige Grundbaumuster herauskristallisiert (Abb. 2-7):

- Horizontal-Knickarm-Roboter (Scara)
- Vertikal-Knickarm-Roboter
- Portalroboter

Die *Horizontal-Knickarmroboter* oder *Scara* finden in der Kleinteilemontage ihre häufigste Anwendung. Sie zeichnen sich durch eine Hohe Dynamik und sehr gute Wiederholgenauigkeiten aus. Die Mehrzahl der angebotenen Geräte besitzt eine Traglast unter 10 kg. In Ausnahmefällen werden SCARA-Roboter bis 50 kg angeboten. Die Dynamik und Genauigkeit dieser Geräte ist entsprechend geringer.

Die *Vertikal-Knickarm-Roboter* sind in allen industriellen Einsatzfällen zu finden. Die Bandbreite der Traglasten (8 bis 150 kg, Sonderanwendungen bis 1000 kg), die dynamischen Eigenschaften sowie die Wiederholgenauigkeiten divergieren je nach Hersteller, Baugröße und konstruktiv ausgerichtetem Spezialisierungsgrad.

Portalroboter besitzen einen kartesischen Grundaufbau. Je nach Anzahl der Grundachsen handelt es sich um ein Flächen- oder ein Linienportal. Das Haupteinsatzfeld dieses Robotertypes befindet sich in der Werkstückhandhabung. Typische Aufgaben sind beispielsweise das Beschicken von Werkzeugmaschinen oder das Palettieren von Werkstücken. Die Traglasten reichen bis zu 1000 kg. Unabhängig von der Traglast reichen die Wiederholgenauigkeiten von sehr gut bis grob.

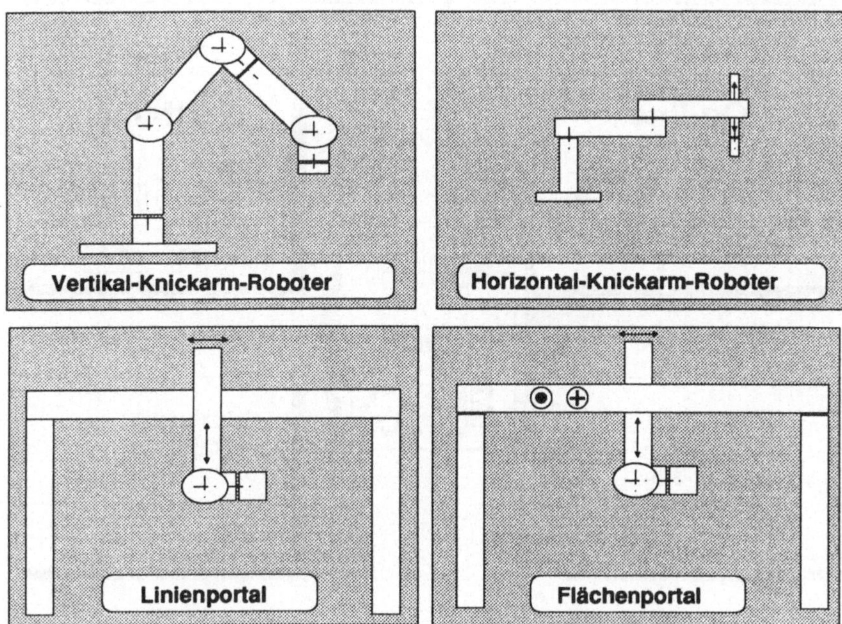

Abb. 2-7: Grundbaumuster von handelsüblichen Industrierobotern

In Abhängigkeit von der konstruktiven Bauform eines Industrieroboters ergeben sich verschiedene *Arbeitsräume.* Als Arbeitsraum eines Industrieroboters wird die Summe der maximal anfahrbaren Raumpunkte bezeichnet. So ergeben sich beispielsweise bei den Portalgeräten rechteckige und bei den Knickarm-Robotern sphärische Arbeitsräume.

2.1.5. Programmierung von Industrierobotern

2.1.5.1. Einteilung der Verfahren

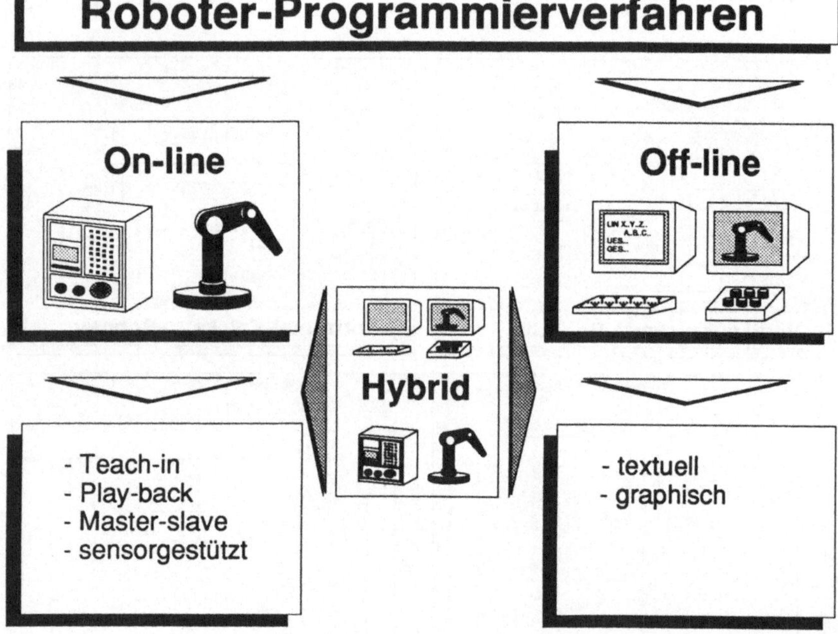

Abb. 2-8: Programmierverfahren für Industrieroboter, n. Quelle /2.20, 2.21, 2.22/

Die fortschreitende Entwicklung der Steuerungstechnik von Industrierobotern führte zu einer Reihe unterschiedlicher Programmierverfahren /2.20/. Die Erstellung der Anwendersoftware kann sowohl unter Verwendung des Robotersystems als auch auf eigenständigen Rechnern fern vom Roboter vollzogen werden. Ebenso sind Mischformen aus beiden Vorgehensweisen durchführbar. Damit lassen sich die Programmierverfahren in drei Kategorien einteilen (Abb 2-8):

- On-line oder direkte Verfahren,
- Off-line oder indirekte Verfahren und
- Hybride oder kombinierte Verfahren.

Im folgenden soll auf die Merkmale der direkten und indirekten Programmierverfahren eingegangen werden (Abb. 2-9).

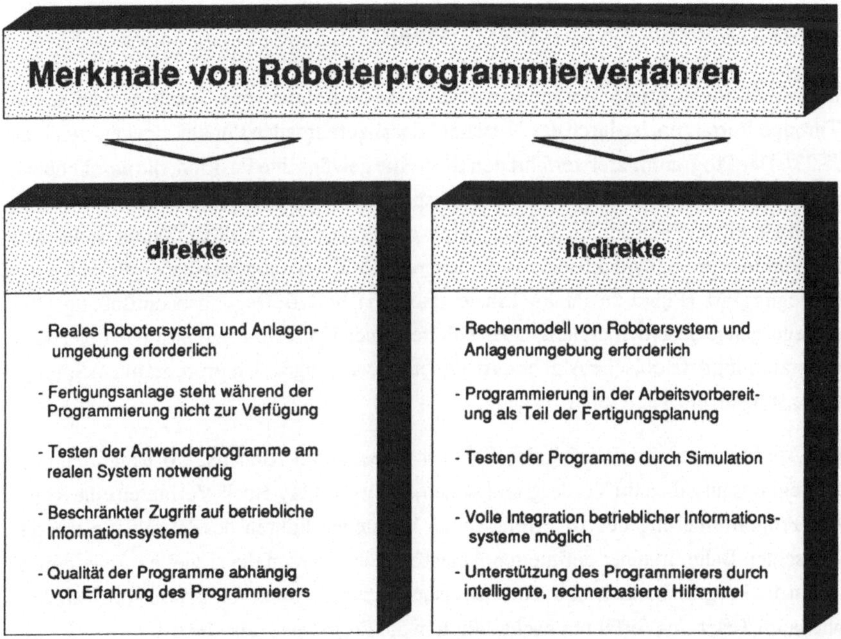

Abb. 2-9: Merkmale direkter und indirekter Programmierverfahren, Quelle /2.22/

Ein charakteristisches Merkmal für die direkten Programmierverfahren ergibt sich aus der notwendigen Stillstandszeit der Anlage während des Programmierens und Testens, so daß die Anlage zwar genutzt aber nicht mit ihr produziert werden kann. Der Programmierer bestimmt im wesentlichen die Güte des Programmes, da rechnerintegrierte Unterstützungshilfen nur beschränkt existieren.

Die Erstellung von Anwenderprogrammen mit indirekten Programmierverfahren eröffnet die Möglichkeit, anlagenfern zu programmieren und entkoppelt somit die Programmerstellung vom Produktionsprozeß. In Abhängigkeit von der Systemmächtigkeit bieten sich für den Programmierer rechnerbasierte Hilfsmittel zum Testen von Programmsyntax und Ablauf, so daß lauffähige und besser strukturierte Programme entstehen. Darin liegt ein erheblicher Vorteil der Off-line-Programmierung, der sich auch wirtschaftlich niederschlägt.

2.1.5.2. On-line Programmierverfahren

Das durch seine große Verbreitung wichtigste Verfahren, das Teach-in oder Lead-Through Verfahren, ist durch das "Teachen" der anzufahrenden Punkte ... gekennzeichnet /2.23/. Der Programmierer verfährt den IR in eine gewünschte Position, die anschließend abgespeichert werden kann. Das Bewegungsprogramm des IR ergibt sich aus der seriellen Abarbeitung der geteachten Punkte durch die Steuerung. Darüber hinaus steht dem Programmierer ein syntaktischer Befehlsvorrat zur Verfügung, der neben Befehlen zur Bewegungsart (Punkt-zu-Punkt, Linear, zirkular) und Bewegungsbeeinflußung (Beschleunigung, Geschwindigkeit, Überschleifen) auch Unterweisungen zum Aufbau einer Programmlogik (Boolsche Algebra, Arithmetikanweisungen, Unterprogramme, Sprunganweisungen, etc.) bereithält.

Bei Applikationen im Bereich des Bahnschweißens und Klebens, wo bahnorientierte Bewegungsaufgaben im Vordergrund stehen, spielt das Play-Back-Verfahren eine Rolle. Die Programmierung des IR erfolgt durch manuelles Führen des IR entlang der gewünschten Bahn. In einer definierten Abtastfrequenz werden die aktuellen Achsstellungen in das Programm übernommen. Anweisungen zur Programmlogik lassen sich ähnlich wie beim Teach-in-Verfahren nachträglich in die Programme einfügen.

Eine Abwandlung des Play-back-Verfahrens ist das Master-slave-Prinzip. Unter Verwendung eines speziellen und sehr leicht gehaltenen Programmierarmes, der manuell bewegt wird, können dynamische Bewegungen ähnlich denen eines menschlichen Armes programmiert werden. Eine typische Anwendung ist die Programmierung von Lackierrobotern /2.24/.

Für die sensorunterstützte Programmierung existieren manuelle /2.25/ und automatische /2.26/ Vorgehensweisen. Beim manuellen Verfahren wird ein Programmiergriffel entlang der gewünschten Bahn geführt. Der Roboter folgt dabei aktiv der Vorgabe und speichert selbständig bei gleichzeitiger Datenreduktion die wesentlichen Punkte ab. Ein mögliches Einsatzgebiet bieten das Bahnschweißen sowie Schleifapplikationen an flächigen Bauteilen. Typisch für das automatische Verfahren ist das sensorische Erfassen der Sollkontur des Werkstückes, nachdem dem Roboter grobe Informationen über Start und Zielpunkt mitgeteilt wurden. Eine Anwendung dieses Verfahrens liegt im Bereich des Entgratens und Gußputzens.

2.1.5.3. Off-line Programmierverfahren

Textuelle Programmiersysteme /2.27, 2.28/ bieten dem Programmierer ein auf Kleinrechnern installiertes Software-Werkzeug zum komfortablen programmieren und editieren der Anwenderprogramme. Die Programmiersprache des Off-line-systems besitzt die selbe Syntax und Semantik wie die Robotersteuerung. Die Stärke dieser Systeme liegt in der Möglichkeit die Programmlogik einer Bearbeitungsaufgabe klar und strukturiert zu gestalten, weniger aber in der Festlegung der Bewegungsprogramme des IR. Prinzipiell ermöglichen die Systeme zwar das Eingeben von Verfahrsätzen des IR, jedoch begrenzt die räumliche Vorstellungskraft des Programmierers den sinnvollen Einsatz so, daß das nachträgliche Teachen der Punkte vorort erforderlich ist.

Hier liegt die Stärke der graphischen Programmiersysteme wie z.B. ROBCAD /2.29/, CATIA ROBOTIC /2.30/ oder COSIRO /2.31/, da sie über den eigentlichen Befehlsumfang der zur Roboterprogrammierung notwendigen Befehle und über das Editieren der Programme hinaus das Modellieren und Simulieren der gesamten Roboterzelle ermöglichen. Die Bewegungsprogramme werden am Bildschirm geteacht und können unmittelbar anschließend dort simuliert werden. Rechnerintegrierte Zusatzdienste für Kollisionsschutz /2.32, 2.33/ oder Dynamikbetrachtungen /2.34, 2.35/ erhöhen zusätzlich die Programmierqualität. Aus Programmbibliotheken können überdies verschiedene IR-Typen, Effektoren und Peripherieelemente geladen werden, so daß diese Systeme vollwertige Planungswerkzeuge zur Layoutgestaltung von flexiblen Fertigungszellen im CAM-Bereich darstellen.

2.2. Stand der Klebetechnik

2.2.1. Arten von Klebermaterialien

Prinzipiell unterscheidet man in der Klebetechnik zwei grundsätzliche Verfahren, die unmittelbar aus der Art der eingesetzten Klebermaterialen kommen:

- Ein-Komponenten-Klebersysteme 1K,
- Zwei-Komponenten-Klebersysteme 2K.

Einkomponentige Kleber 1K werden in gebrauchsfertigem Zustand angeliefert. Die zur Umwandlung notwendige chemische Reaktion läuft selbständig mit natürlich vorhandenen Reaktionspartnern ab /3.36/. Die Aushärtezeiten des Materials hängen stark von den Umweltbedingungen ab und können je nach Material bis zu mehreren Stunden in Anspruch nehmen. Eine Sonderform der 1K-Klebersysteme stellen die Heiß- und Schmelzkleber dar. Diese Materialen werden in einer Hot-Box auf Temperatur gebracht und in heißem Zustand aufgetragen. Ihre volle Klebeleistung erreichen sie nach dem Abkühlen.

Dagegen besteht die Liefereinheit bei 2K-Klebersystemen aus zwei aufeinander abgestimmten Komponenten, der Grundmasse und dem Härter. Der Mischvorgang muß deswegen sorgfältig ausgeführt werden, da schlecht oder unzureichend vermengtes Material nicht reagiert. Die Homogenität der Mischung bestimmt damit die Qualität des Prozesses. Mit der Durchmischung erfolgt unmittelbar die Reaktion, so daß sich kontinuierlich die Verarbeitungseigenschaften des Materials ändern. Mit zunehmender Zeit wird die Mischung fester und verliert ab einem bestimmten Zustand ihre Benetzungsfähigkeit. Damit ist die Zeit der Bearbeitbarkeit, auch als Topfzeit bezeichnet, beendet. Die Topfzeit kann in Abhängigkeit des Mischungsverhältnisses sowie den verwendeten Materialen bis in den Sekundenbereich eingestellt werden.

2.2.2. Aufbau von Kleberauftragsystemen

Die Entwicklung bei den 1K-Kleberrauftragsystemen hat einen hohen Leistungsstand erreicht. Dies läßt sich auf das unproblematische Klebermaterial zurückführen. Die wesentlichen Komponenten der auf dem Markt angebotenen Auftragsysteme stellen -neben der Steuerung- der Dosierer und das Austrittsventil dar (Abb. 2-10).

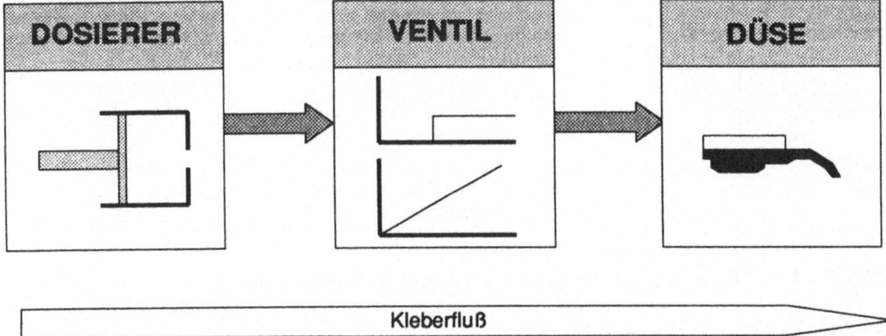

Abb. 2-10: Prinzipieller Aufbau eines Kleberauftragsystems für 1K-Klebersysteme

Im Dosierer befindet sich eine definierte Klebermenge. Nach dem Füllvorgang wird der Dosierer mit einem definierten Druck beaufschlagt. Mit dem Öffnen des Ventils strömt der Kleber kontinuierlich aus. Die technischen Ausführungen unterscheiden sich in der Art der Druckbeaufschlagung, der Druckregelung sowie der Öffnungscharakteristik des Ventils. Die Druckbeaufschlagung des Dosierers kann pneumatisch oder hydraulisch ausgeführt werden. Bei den einfachen und ungeregelten Systemen kommt die pneumatische Druckbeaufschlagung zum Einsatz. Die leistungsfähigeren Systeme regeln die Ausströmgeschwindigkeit des Klebers. Mit Hilfe hydraulischer Servoventile wird der Kleber während des Ausströmens mit einem Konstantdruck beaufschlagt. Dadurch sind stationäre Volumenströme des Klebers einstellbar. Als Austrittsventile werden Konstruktionen in Nadel- oder Schieberbauweise angeboten. Die Schieberventile lassen ein kontinuierliches Öffnen und Schließen der Austrittsdüse zu und kennen keinen für Nadelventile typischen Endklecks. Die Nadelventile zeichnen sich durch die binären Zustände *auf* und *zu* aus.

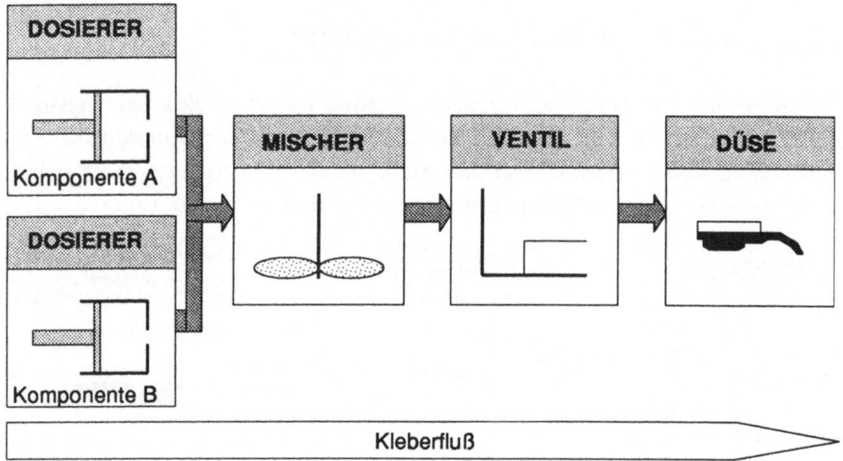

Abb. 2-11: Prinzipieller Aufbau eines 2K-Kleberauftragsystems

Der Grundaufbau bei den 2K-Auftragsystemen ist ähnlich den 1K-Systemen (Abb. 2-11). Da es bei den 2K-Kleberauftragsystemen auf das exakte Mischungsverhältnis der Komponenten ankommt, werden die definierten Volumina in eine Mischkammer eingebracht. Die technische Realisierung der Durchmischung der Komponenten geschieht in dynamischen Mischern. In der Mischkammer, die unmittelbar vor dem Auftragventil sein muß (Topfzeit!), vermengt ein motorisch angetriebener Rührer die Komponenten. Aufgrund der Reinigungsproblematik werden von den Herstellern der 2K-Auftragsysteme keine geregelten Austrittsventile angeboten. Stand der Technik sind binär arbeitende Nadelventile. Die Regelung der auszubringenden Materialmenge geschieht getrennt für die Komponenten am Eintritt der Mischkammer. Daraus resultiert häufig eine unbefriedigende Regelcharakteristik des Volumenstromes am Düsenausgang.

In Abb. 2-12 sind die wesentlichen Systemeigenschaften gegenübergestellt und einer Bewertung unterzogen. Der Vollständigkeit halber sind zusätzlich die System- und Materialkosten, die Umweltverträglichkeit, die Verfügbarkeit sowie die Bereitstellung der Klebematerialien mit aufgenommen. Die Beurteilungen erstrecken sich in den dargestellten fünf Stufen von schlecht bis sehr gut erfüllt.

Gegenüberstellung der Klebstoffsysteme		
	1K	2K
Bereitstellung	◕	◑
automatische Verarbeitung	◕	◑
Aushärtezeit	○	◕
Reinigung bei Stillstand	◕	◔
Topfzeit	●	◔
Systemkosten	◕	◑
Regelbarkeit der Materialeigenschaften	◔	◕
Umweltbelastung	◕	◑
Materialkosten	◕	◑
Verfügbarkeit	◕	◑

erfüllt das Kriterium:
● sehr gut
◕ gut
◑ befriedigend
◔ ausreichend
○ schlecht

Abb. 2-12: Gegenüberstellung und Bewertung der Systemeigenschaften von 1K- und 2K-Kleberauftragsystemen

2.2.3. Programmierung der Klebersteuerungen

In Abhängigkeit vom Lieferanten eines Kleberauftragystems können Speicherprogrammierbare Steuerungen SPS oder vom Hersteller selbstentwickelte Kleinsteuerungen zur Prozeßsteuerung Verwendung finden.

Die Programmierung von Speicherprogrammierbaren Steuerungen SPS findet auf Kleinrechnern wie PC's oder speziellen Programmiergeräten PG's statt. Zum Programmieren, Editieren, Verwalten sowie Testen der Programme werden verschiedene Hilfsfunktionen durch menügeführte Benutzeroberflächen bereitgestellt. Die Programme können bidirektional über definierte Schnittstellen zwischen Programmiergerät und SPS übertragen werden.

Die ereignisorientierte Programmiersprache basiert auf der Bool'schen Algebra und kann wie im Falle von STEP5 /2.37/ als Anweisungsliste AWL, Funktionsplan FUP oder Kontaktplan KOP geschrieben werden. Für das Programmieren komplexer Programme eignet sich nur die AWL, da sie allein hinsichtlich einer strukturierten sowie parametrierten Programmierung einen erweiterten Operanten und Befehlsvorrat anbietet. FUP und KOP sind historisch bedingte Darstellungsformen, die noch aus der Übergangsphase von starren Relaissteuerungen zu freiprogrammierbaren Ablaufsteuerungen stammen, um insbesondere dem Instandhaltungspersonal der Anlagen eine vertraute aus der Hardware-Technik stammende Darstellungsform zu bieten.

Bei komplexen SPS-Softwarepacketen beansprucht die Inbetriebnahmephase einen Zeitaufwand, der etwa dem Programmieren der Software entspricht, wodurch die zu steuernde Hardwareeinrichtung im Falle von Programmerweiterungen dem Produktionsprozeß entzogen ist. Analog zu den Off-line-Programmiersystemen für die Roboterprogrammierung existieren Programmier- und Simulationssysteme /2.38/ für Speicherprogrammierbare Steuerungen. Unter einer graphischen Benutzeroberfläche modelliert der Programmierer als Abbild der wahren Maschinen-Hardware ein adäquates Aktor-/Sensorsystem. Das erstellte SPS-Programm kann nun unabhängig von der Hardware am Modell getestet und gegebenenfalls modifiziert werden.

Im Gegensatz zu den freiprogrammierbaren SPS-Steuerungen kommen häufig auch vom Hersteller mitgelieferte Kleinsteuerungen zum Einsatz. Bei ihnen handelt es sich meist um bereits festprogrammierte Steuerungseinheiten. Das Programmieren dieser Steuerungen beschränkt sich meist auf das Eingeben von Parameterwerten, die dem Anwender die Möglichkeit bieten, das Verhalten implementierter Routinen zu beeinflußen. Somit kann hier eher von einem Voreinstellen oder einem Kalibrieren der Steuerung gesprochen werden.

2.3. Steuerungstechnische Grundbegriffe

2.3.1. Steuerungsstruktur

Allgemein lassen sich für flexibel automatisierte Montage- oder Fertigungszellen als Einheit der Werkstattebene drei Hierarchiestufen definieren (Abb. 2-13):

- Zellenebene,
- Steuerungsebene und
- Aktor/Sensorebene.

Abb. 2-13: Hierachiestufen der Werkstattebene

Die oberste Hierarchiestufe einer Zelle bildet die Zellenebene. Die Steuerung dieser Stufe stellt die Schnittstelle sowohl zu übergeordneten Systemen als auch zum Bediener dar. Sie erfüllt zunächst einmal steuerungstechnische Aufgaben, indem sie das betriebliche Verhalten der Zelle koordiniert. Darunter fallen das An- und Abwählen von Betriebsarten, das geregelte Starten und Stoppen der Zelle im Automatikbetrieb, die Übergabe von Voreinstellungen an die untergeordneten Partner sowie das Koordinieren von Sonderabläufen wie Störungsauftritt eines Partners, Leerfahren der Anlage oder NOT-AUS. Darüber hinaus bietet sich hier die Möglichkeit zur integrierten Datenerfassung und -aufbereitung sowie der Implementierung von Diagnosesystemen, so daß der direkte Zugriff auf Prozeß- und Systemdaten eine Automatisierung der Fehlerdiagnose ermöglicht /2.39/.

Die Steuerungsebene wird von Steuerungseinheiten für Werkzeugmaschinen, Industrieroboter sowie Speicherprogrammierbaren Steuerungen SPS gebildet. Innerhalb der Steuerungsebene kann es zu Unterhierarchien kommen, vorallem dann, wenn Kleinsteuerungen unmittelbar einer Komponente unterstellt sind und im wesentlichen Ausführungscharakter aufweisen.

Auf der Aktor/Sensorebene finden sich alle Stellglieder und sensorischen Elemente, die zur Prozeßdurchführung notwendig sind, wobei die Komplexität wie im Falle eines Industrieroboters oder einer Werkzeugmaschine sehr hoch sein kann.

2.3.2. Informationsfluß

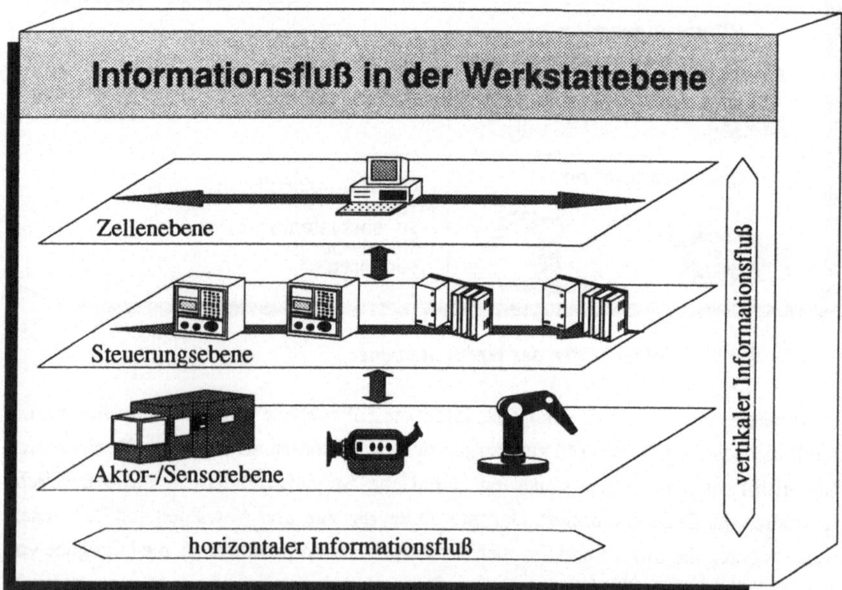

Abb. 2-14: Vertikaler und horizontaler Informationsfluß in der Werkstattebene

Der Informationsfluß gliedert sich in den horizontalen und den vertikalen Verlauf (Abb. 2-14). Beim horizontalen Informationsfluß tauschen Partner der gleichen Hierachiestufe Informationen miteinander aus. Der vertikale Informationsfluß ist gekennzeichnet durch die Kommunikation zwischen den Partnern verschiedener Hierachiestufen.

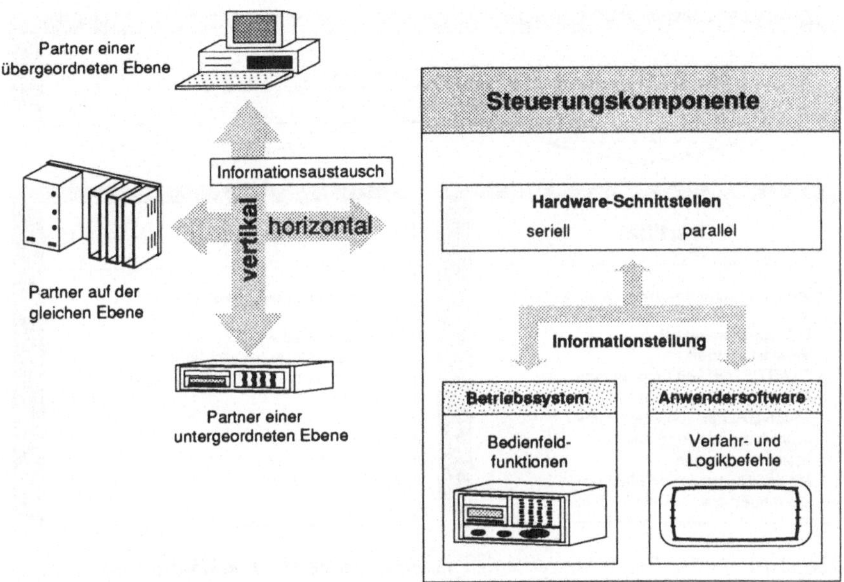

Abb. 2-15: Informationsflüsse und Kommunikationspartner einer im Zellenverbund integrierten Robotersteuerung

Innerhalb einer im Zellenverbund hierachisch integrierten Robotersteuerung werden beispielsweise die Informationsströme nochmals aufgetrennt (Abb. 2-15). Sowohl der Steuerungsteil als auch die Anwendersoftware stehen in Verbindung mit externen Partnern. Der vertikale Informationsfluß ist dadurch gekennzeichnet, daß der Sender eine Anweisung in einem Anwenderprogramm und der Empfänger entweder eine untergeordnete Steuerung oder ein dort hinterlegtes Anwenderprogramm ist. Signifikant für den horizontalen Informationsfluß ist, daß die Daten zwischen verschiedenen Anwenderprogrammen ausgetauscht werden. Der vertikale Informationsfluß beinhaltet daher befehls- und kommunikationsorientierte Daten während er horizontale Informationsfluß in der Regel kommunikationsorientierte Daten vorweist (Abb. 2-16).

Zum befehlsorientierten Informationsfluß gehört das Anwählen der Betriebsarten einer Zellenkomponente wie Einrichten und Automatik. Aktivierte Programme können über diesen Weg gestartet oder gestoppt werden. Ebenso ist es möglich, Programme zu laden oder zu löschen. Umgekehrt können Programme zur Archivierung ausgelesen werden.

Merkmale von Informationsflüssen

vertikal	horizontal
befehls- und kommunikationsorientiert	**kommunikationsorientiert**
- Betriebsartenanwahl - Voreinstellungen - START/STOP von Programmen - Anwahl von Programmen - Laden/Löschen von Programmen - Archivieren von Programmen - Statusmitteilungen - Melden/Quittieren von Alarmen - Senden/Empfangen von Variablen	- Statusmitteilungen - Melden/Quittieren von Alarmen - Senden/Empfangen von Variablen

Abb. 2-16: Merkmale von vertikalen und horizontalen Informationsflüssen

Der kommunikationsorientierte Informationsfluß beinhaltet das Melden und Quittieren von Alarmen. In diesem Zusammenhang sind auch das Senden und Empfangen von Variablen zu nennen. Über Statusmitteilungen wird dem Partner der augenblickliche Zustand übermittelt. Solche Statusmeldungen sind zum Beispiel die aktuelle Betriebsart oder Störungszustände.

2.3.3. Schnittstellen

Bei der Integration von Systemkomponenten in eine flexible Fertigungs- oder Montagezelle spielt die Schnittstellenproblematik eine entscheidende Rolle. Die Hardwareschnittstellen der Komponenten der Werkstattebene können wie in Abb. 2-17 dargestellt klassifiziert werden.

Die einfachste Schnittstelle ist das parallele Senden und Empfangen von Bitinformationen auf der Basis von Eingangs- und Ausgangssignalen der Peripheriekarten einer Steuerung. Hinsichtlich des notwendigen Verdrahtungsaufwandes führt diese Art zur aufwendigsten und am wenigsten flexibelsten Lösung. Speziell vor dem Hintergrund immer komplexer werdender Zellen mit einer Vielzahl von Komponenten und daraus resultierenden steigenden Datenmengen sowie Anbindungsforderungen ergibt sich die

Notwendigkeit zur Entwicklung standardisierter Schnittstellen. Diese Schnittstellen zeichnen sich durch definierte Hardwareschnittstellen und dazu gehörende Übertragungsprotokolle aus und bieten die Möglichkeit, frei wählbare Informationsinhalte auszutauschen, ohne an der dazu notwendigen Hardware Modifikationen nach sich zu ziehen. Für den Bereich der Fertigung und Montage ergeben sich zwei nennenswerte Entwicklungen, die Standardisierung im Feldbusbereich sowie die Festlegungen im Rahmen von MAP.

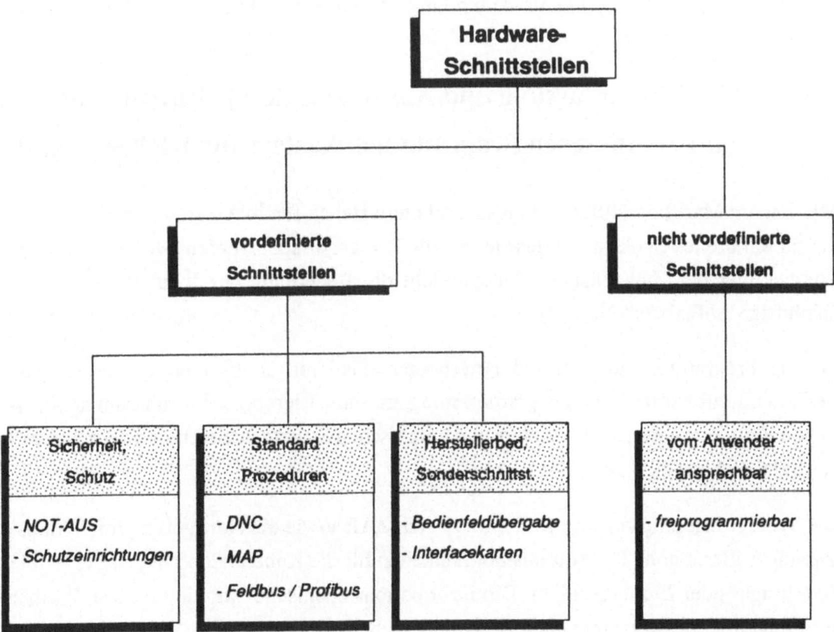

Abb. 2-17: Klassifizierung der Hardware-Schnittstellen

Zur Ansteuerung der Aktor/Sensorebene liegen die ersten Ergebnisse zum normierten Feldbus bzw. Profibus auf nationaler Ebene vor /2.40, 2.41, 2.42/. Von einem einheitlichen Standard im universellen Sinne kann jedoch noch nicht gesprochen werden. Nationales Prestig-Denken sowie firmenspezifische Interessen behindern noch die vollständige Standardisierung.

Ausgereifter sind dagegen die Standardisierungen von MAP /2.43, 2.44, 2.45/ zur Anbindung der Steuerungsebene an die übergeordneten Rechnerebenen. Mit der Schaffung des MAP-Standards soll eine Lösung der Probleme, die aus einer heterogenen EDV-Landschaft resultierten, gefunden werden. Die heute gültige Spezifikation 3.0 von 1985 ist für die Dauer von 6 Jahren eingefroren und bietet somit allen kommerziellen Anbietern die Möglichkeit, ihre Produkte dem MAP-Standard anzupassen. In Fachgremien werden Begleitstandards (companion standards) für spezielle Problemstellungen der Fertigungsumgebung wie die Anbindung von Industrierobotern oder Werkzeugmaschinen entwickelt.

2.4. Zusammenfassung und Ansatzpunkte zur Entwicklung eines modularen Programmbaukastens für Klebeprozesse

Mit den am Markt erhältlichen Industrierobotern stehen flexible Geräte zur Verfügung, die für ein breites Spektrum industrieller Einsätze verwendet werden können. Die steile Entwicklung der Zuwachsraten unterstreicht die Bedeutung der Industrieroboter für zukünftige Aufgabenstellungen.

Für die Programmierung der Industrieroboter existieren unterschiedliche Verfahren. Beginnend mit der direkten Programmierung am Industrieroboter bis hin zum anlagenfernen Programmieren auf textuellen und graphischen Systemen bieten sich dem Anwender freie Wahlmöglichkeiten.

Die Standardisierungsansätze im Rahmen von MAP sowie die Normierung im Feldbusbereich eröffnen hohe Integrationsmöglichkeiten für die Robotersteuerungen in flexible Fertigungs- oder Montagezellen. Die informationstechnische Anbindungen an Partner unterschiedlicher Hierachiestufen ist damit gegeben.

Die Entwicklung der Klebetechnik ist im wesentlichen geprägt durch die zur Verfügung stehenden Klebersysteme. Im Einsatz befinden sich Ein- und Zweikomponentensysteme. Die anlagentechnische Entwicklung bei den Auftragsystemen hat bei den Einkomponentenklebern einen höheren Leistungsstand hinsichtlich der Ausströmregelung des Kleberausflußes erreicht. Dies begründet sich in dem unproblematischeren Klebermaterial. Der Vorteil der Zweikomponentensysteme liegt im schnelleren Aushärten des Klebergemenges.

Somit stehen die Komponenten (Industrieroboter, Kleberauftagsysteme) und Planungswerkzeuge (Offline-Programmierung, Simulation) für die Entwicklung flexibler Klebezellen mit Industrieroboter zur Verfügung. Die Flexibilität darf jedoch nicht bei den Komponenten und Planungswerkzeugen enden, sondern muß ebenso in der Struktur und Wiederverwendbarkeit der Klebeprogramme seinen Niederschlag finden. Der Zugriff auf flexible Hardware in Verbindung mit einer modular strukturierten und auf konkrete Aufgabenstellungen transferierbaren Software bringt erst einen hohen Grad an Flexibilität sowie eine Erhöhung der Entwicklungsproduktivität.

Die heutige Situation bei der Programmierung von Klebeapplikationen mit Industrierobotern ist durch einen hohen experimentellen Aufwand während der Programmerstellung gekennzeichnet. Die Prozeßsicherheit kann häufig nur für ganz enggefaßte Randbedingungen gewährleistet werden. Diese Vorgehensweise schlägt sich überdies in einem großen Zeitbedarf und hohen Inbetriebnahmekosten nieder. Die Ursache liegt in einem bis heute noch nicht umfaßend dokumentierten und flexibel einsetzbaren Grundwissen über den Klebeprozeß. Vor diesem Hintergrund ensteht die Forderung nach einem flexiblen und modular aufgebauten Programmbaukasten für robotergeführte Klebeprozesse. Diese Forderung erfährt unter Berücksichtigung der Zunahme der Klebeapplikationen sowie der gleichzeitig kürzer werdenden Produktlebenszyklen weitere Verstärkung. Der Baukasten muß die Möglichkeit bieten, Programme zum Kleberauftrag für unterschiedliche, konkrete Aufgabenstellung zu generieren. Wesentliches Merkmal des Baukastens soll die Tatsache sein, daß seine Verwendung zu einer erheblichen Zeitreduzierung gegenüber der heute üblichen Programmerstellung führt. Von entscheidender Bedeutung ist es, die eingesparte Zeit nicht zu Lasten der Prozeßsicherheit gehen zu lassen. Vielmehr ist es zwingend erforderlich, daß der modulare Baukasten die Prozeßsicherheit erhöht. Der Programmentwickler benötigt nicht mehr ein detailliertes prozeßspezifisches Wissen. Er kann vielmehr auf vorgefertigte Elemente des Baukastens zugreifen und sie - ähnlich Makros in Hochsprachen - in sein Programm einbinden. Um die heutige Situation zu verbessern, kann zukünftig nur durch eine solche Form flexibel auf unterschiedliche Einsatzbedingungen für Klebeapplikationen reagiert werden.

Zur Gewährleistung einer schnellen Programmentwicklung benötigt dieser Programmbaukasten Prozeßbausteine, welche die notwendigen Weg- und Technologieinformationen beinhalten. Ebenso bedarf es eines neutralen Programmgerüstes, in das die Prozeßbausteine integriert werden können. Die Voraussetzungen für eine große Prozeßsicherheit liegen in einem tiefgehenden Prozeßwissen und der dazu gehörenden, geeigneten Dokumentationsform.

Die Dokumentation des Prozeßwissens muß so angelegt sein, daß unterschiedliche Problemstellungen aus dem Bereich des Kleberauftrages mit Industrieroboter schnell und sicher lösbar sind. Die geforderte Flexibilität setzt voraus, daß die Prozeßbausteine zunächst eine anwendungsneutrale Gestalt besitzen. Erst die Kombination einzelner Prozeßbausteine soll dann das aufgabenspezifische Bewegungsprogramm für den Kleberauftrag erzeugen. Dieser spezifische Programmbaustein kann anschließend in einen Bausteinträger eingebunden werden. Das Ergebnis ist ein aus neutralen Basisbausteinen entwickeltes Roboterprogramm, das zum Kleberauftrag für eine konkrete Aufgabenstellung geeignet ist.

Die methodische Vorgehensweise zur Entwicklung eines solchen modularen und flexiblen Programmbaukastens für robotergeführte Klebeprozesse wird in den folgenden Abschnitten aufgezeigt.

3. Analyse der Aufgabenstellung

3.1. Systemtechnische Grundbegriffe

Zur Analyse komplexer Zusammemhänge, wie es der Kleberauftrag mit Industrieroboter darstellt, bietet die Systemtechnik geeignete Ansätze. Mit Hilfe dieser systemtechnischen Ansätze gelingt es,

- die Wirkungsbeziehungen eines Systems auf seine Umwelt zu analysieren,
- das Gesamtsystem überschaubar und beherrschbar zu gestalten und
- das Systemverhalten auf Änderungen äußerer und innerer Bedingungen erkennbar zu machen.

Die wichtigsten Eigenschaften eines Systems sind, daß es erstens aus mehreren Teilen bestehen muß, die jedoch zweitens, verschieden voneinander sind und, drittens, nicht wahllos nebeneinanderliegen, sondern zu einem bestimmten Aufbau miteinander vernetzt sind /3.1/.

Zur Darstellung von Systemen ist eine abstrakte Darstellungsform zweckmäßig. So gelingt es, sich von einer allzu materiellen Ausprägung des Systembegriffs lösen. Eine geeignete Darstellungsform liefert die Graphentheorie (Abb. 3-1).

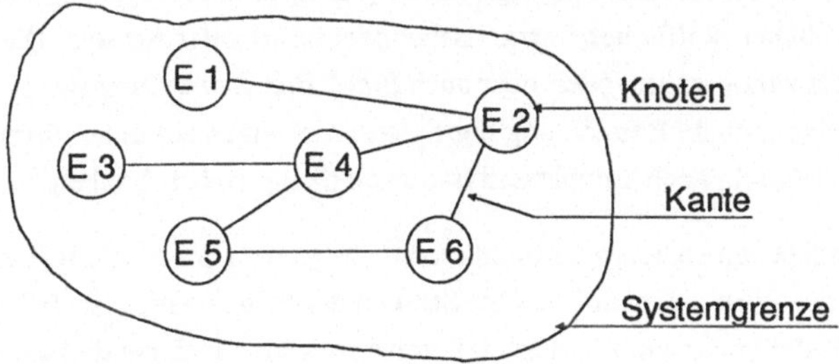

Abb. 3-1: Formale Darstellung eines Systems

Aus dieser Darstellung geht hervor, daß ein System aus mehreren Elementen besteht, die durch Kreise (Knoten) symbolisiert werden. Die zwischen den Elementen existierenden Beziehungen kommen durch die Verbindungslinien (Kanten) zum Ausdruck. Nicht alle

Elemente eines Systems müssen zwingend zueinander in Beziehung stehen. Das System wird durch seine Systemgrenze zur Umwelt hin abgegrenzt. Durch die Festlegung der Systemgrenze kann die Komplexität eines zu analysierenden Objektes auf ein überschaubares Ausmaß reduziert werden. Dabei bestimmt der Betrachter die Systemgrenze willkürlich, um vorübergehend nur gewisse, ihn interessierende Teilaspekte zu beleuchten. Ein System ist ein Ausschnitt des Betrachters aus einer Umwelt, den er bewußt abstrahiert oder auch nur teilweise erkennt /3.2/. Auf diese Art und Weise kann jede abgrenzbare Gesamtheit von Elementen inklusiv der vorhandenen Beziehungen als System bezeichnet bzw. definiert werden.

Die Elemente eines Systems können ihrerseits auch Systeme darstellen. Dies ist immer dann der Fall, wenn das betrachtete Element wiederum in einzelne Elemente, die untereinander in Wechselwirkung stehen, auflösbar ist. Dieses neue System wird in Relation zum vorher gehenden System als Untersystem bezeichnet. Durch diese Vorgehensweise lassen sich hierachische Systemstrukturen entwickeln.

Zur Untersuchung oder auch Gestaltung von Systemen ist es häufig zweckmäßig, die Struktur und die detaillierte Betrachtung der gegenseitigen Beziehungen außer acht zu lassen. Dieser Ansatz eröffnet die Möglichkeit, unter Berücksichtigung des Gesamtsystems, Nebenaspekte aus der Systembetrachtung auszublenden. Im Vordergrund der Betrachtung steht zunächst nur die Wirkung, die das System hervorbringt. Zur Systembeschreibung dient ein Input/Output-Modell, das als Black-Box bezeichnet wird. Die Black-Box transformiert die Eingangsgrößen (Input) in die Ausgangsgrößen (Output). Die Größen können stofflicher, energetischer oder informeller Art sein. Die Vorgehensweise wird als *wirkungsbezogene* oder auch *Black-Box-Betrachtungsweise* bezeichnet. Sie erlaubt eine globale Betrachtung der Systemwirkungen auf einer abstrakten Ebene und verhilft dadurch, auch komplexe Systeme eindeutig zu beschreiben.

Zu einem gegebenen späteren Zeitpunkt kann das Öffnen der Black-Box erfolgen. Für die Analyse der Wirkungen muß nun die Struktur erarbeitet werden, so daß die Elemente und deren Beziehungen zum Ausdruck kommen. Diese zunehmende Detaillierung des Systems bezeichnet man als *strukturbezogene* Betrachtungsweise. Die dieser Betrachtungsweise zugrunde liegende Methodik basiert auf einem analytischen Vorgehen. Ausgehend von einem Gesamtsystem erfolgt eine schrittweise Detaillierung. Diese Vorgehensweise wird auch als *Top-Down-Verfahren* bezeichnet (Abb. 3-2). Der besondere Vorteil des Verfahrens liegt in der Tatsache, daß der Blick für das Gesamtsystem

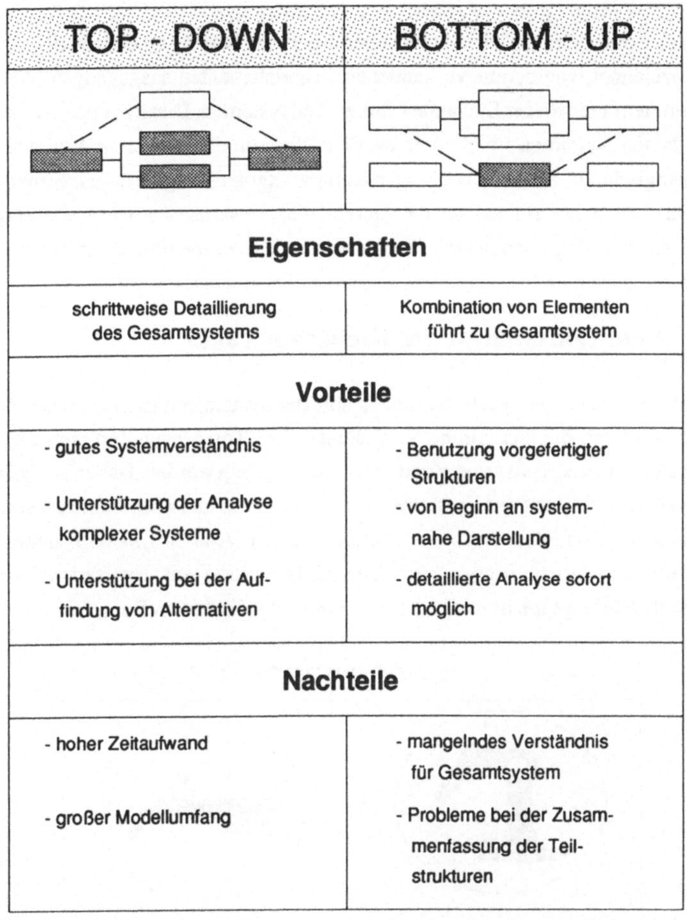

Abb. 3-2: Prinzipielle methodische Vorgehensweisen, n. Quelle /3.3, 3.4/

und damit ein gutes Systemverständnis erhalten bleiben. Die Grundzusammenhänge komplexer Systeme können mit Hilfe dieser Vorgehensweise systematisch isoliert und analysiert werden. Der große Nachteil dieses Verfahrens ergibt sich aus dem großen Zeitaufwand, den die Modellbildung und die Zergliederung des Gesamtsystems in Teilsysteme beansprucht.

Im Gegensatz dazu wird bei der synthetischen Vorgehensweise, auch als *Bottom-Up-Verfahren* bezeichnet, von bereits vorhandenen Grundelementen ausgegangen (Abb. 3-2). Das Zusammenfügen dieser Elemente führt zu Teilsystemen. Diese können wiederum zu übergeordneten Systemen kombiniert werden. Vorteilhaft bei diesem Verfahren zeigt sich die Möglichkeit, Systeme beliebiger Komplexität aus vorgefertigten Strukturen zu entwickeln. Dabei besteht jedoch die Gefahr, das Gesamtsystem aus den Augen zu verlieren. Als Resultat können sich Probleme beim Zusammenfügen der Teilstrukturen einstellen.

3.2. Funktionsanalyse des Kleberauftrages

Zur Funktionsanalyse des Kleberauftrages soll der systemtechnische Ansatz Verwendung finden. Durch die analytische Vorgehensweise (Top-Down-Verfahren) kann das Gesamtsystem in seine Teilsysteme und Funktionen zerlegt werden. Das zu analysierende Gesamtsystem besteht aus den Elementen Industrieroboter und Kleberauftragsystem und soll im folgenden als Klebesystem bezeichnet werden (Abb. 3-3). Die Systemwirkung schlägt sich im Kleberauftrag nieder. Der Kleberauftrag auf ein Basisteil wird im folgenden als Kleberraupe bezeichnet (bzw. nur in der Kurzform Raupe verwendet).

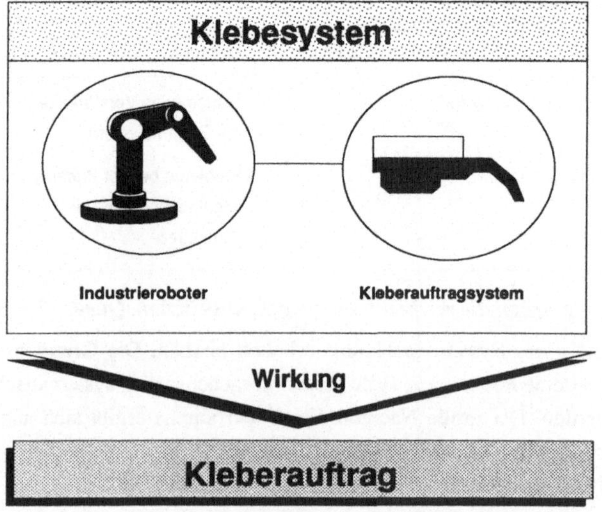

Abb. 3-3: Darstellung des Gesamtsystems zum Kleberauftrag

Abb. 3-4: Black-Box-Darstellung des Klebesystems

Zur Verdeutlichung der Funktion des Klebesystems dient die Black-Box-Darstellung (Abb. 3-4). Die Eingangsgrößen (Input) des Systems bilden der Kleber und das Basisteil. Die Ausgangsgröße (Output) stellt der aufgetragene Kleber auf das Basisteil dar. Die Funktion des Systems selbst wird als AUFTRAGEN definiert.

Die Funktion AUFTRAGEN läßt sich in die Teilfunktionen BEWEGEN und AUSSTRÖMEN untergliedern (Abb. 3-5). Die charakteristischen Eigenschaften der Teilfunktion BEWEGEN drücken sich in einem dynamischen und einem kinematischen Anteil aus. Aus dem dynamischen Anteil resultiert die Bewegungsart, so daß sich gleichförmige oder ungleichförmige Bewegungen ergeben können. Ein Grenzfall der Bewegungsart stellt der Stillstand dar. Die beliebig geformte Bewegungsbahn setzt sich aus dem kinematischen Anteil zusammen. So ergeben sich offene oder geschlossene Bewegungsbahnen,

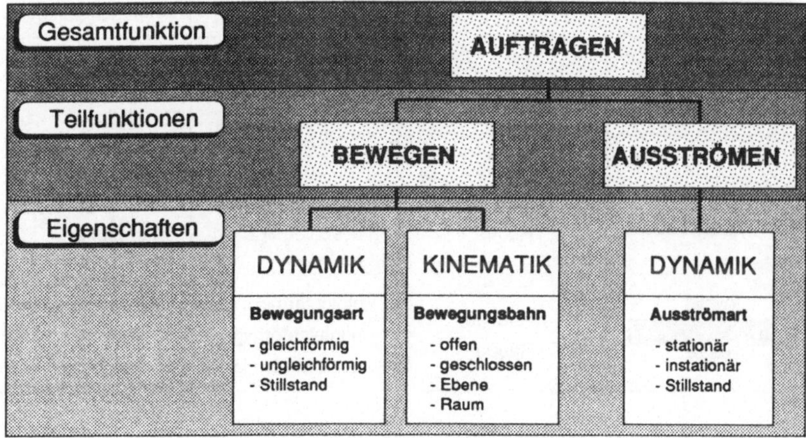

Abb. 3-5: Zerlegung der Gesamtfunktion des Klebesystems in Unterfunktionen

die ihrerseits in einer Ebene oder im Raum liegen können. Die charakteristische Eigenschaft der Unterfunktion AUSSTRÖMEN zeigt sich im Ausflußverhalten des Klebers. So kann sich das Ausströmen stationär oder instationär verhalten. Als Grenzfall existiert ebenfalls die Möglichkeit, daß kein Kleber ausströmt.

Das Zusammenspiel der Teilfunktionen führt zu unterschiedlichen Ausprägungen der Kleberraupe. Die Qualität der Raupe ist beispielsweise abhängig von der Interaktion der dynamischen Anteile der Teilfunktionen BEWEGEN und AUSSTRÖMEN (Abb. 3-6). Der Auftrag kann punktförmig, stetig oder unregelmäßig ausfallen. Das Zusammenwirken und der jeweilige Zustand der Teilfunktionen führen zu diesen unterschiedlichen Raupenqualitäten. So ergibt sich beispielsweise eine stetige Raupe sowohl aus einem gleichförmigen BEWEGEN und stationären AUSSTRÖMEN als auch aus einem parallelen Verzögern oder Beschleunigen der dynamischen Größen der Teilfunktionen.

Raupenqualität		Funktion	
Bezeichnung	Symbol	BEWEGEN	AUSSTRÖMEN
	Punkt	Stillstand	strömt
	stetige Raupe	gleichförmig verzögert beschleunigt	stationär verzögert beschleunigt
	aufsteigende Raupe	gleichförmig verzögert	beschleunigt stationär
	abfallende Raupe	gleichförmig beschleunigt	verzögert stationär
	unstetige Raupe	gleichförmig ungleichförmig ungleichförmig	instationär stationär instationär

Abb. 3-6: Einfluß der Funktionszustände auf die Raupenqualität

Der kinematische Anteil der Teilfunktion Bewegen ist unabhängig von dem dynamischen Zusammenspiel zu sehen. Sein Einfluß ist für die Bahnausprägungen verantwortlich. Die Bahnausprägungen lassen sich durch drei charakteristische Merkmale beschreiben:

- durch den Bahntyp,
- durch die Lage der Raupenbahn und
- durch die Bahnzusammensetzung .

Der Bahntyp kann prinzipiell offen oder geschlossen sein. Dies ist unabhängig von der Lage (Ebene, Raum) und der Bahnzusammensetzung gültig. Bei der Bahnzusammensetzung wird von der Annahme ausgegangen, daß eine beliebig geformte Bahn in einzelne Elemente zerlegt werden kann. (Abb. 3-7). Diese geometrischen Grundelemente ergeben sich zu Geraden, Bögen und Ecken. Den Grundelementen können Parameter zugeordnet werden. Das Geradenstück wird durch seine Längel l bestimmt. Der Winkel a definiert die Öffnung der Schenkel des Eckenstückes. Zur Beschreibung des Bogenstückes dienen Winkel a und Radius r. Durch das Aneinanderreihen dieser geometrischen Grundelemente können beliebige Bahnen erzeugt werden.

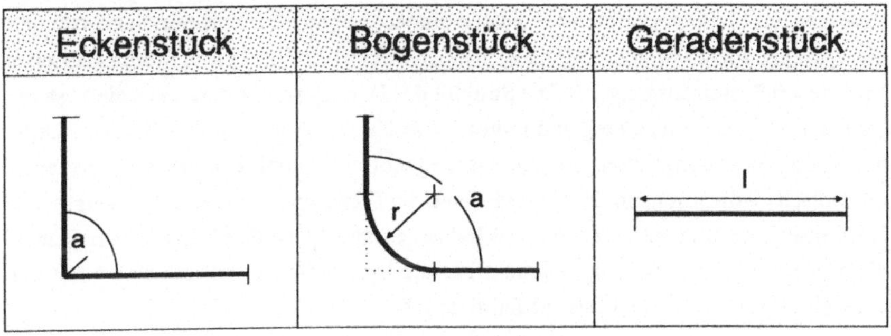

Eckenstück	Bogenstück	Geradenstück

Abb. 3-7: Geometrische Grundelemente für die Bahnzusammensetzung

3.3. Systembetrachtung der Teilfunktionen

Die beiden Teilfunktionen BEWEGEN und AUSSTRÖMEN wurden bis jetzt jeweils als Black-Box betrachtet. Beide Teilfunktionen stehen jedoch für eigene Systeme, deren Zusammenwirken die Gesamtfunktion erfüllen. Zum Gesamtverständnis des Klebesystems sollen im nächsten Schritt diese beiden Teilsysteme betrachtet werden. Erst die Kenntnis der Elemente und ihrer struturellen Anordnung schafft die Vorraussetzungen für das Verstehen von Systemen und erläutert die Aussage, daß das Ganze mehr ist als die Summe der Teile /3.5/.

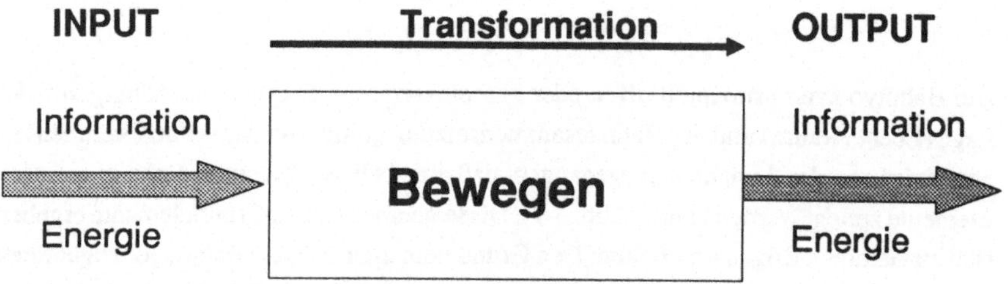

Abb. 3-8: Black-Box-Darstellung des Bewegungssystems

Das Bewegungssystem ist durch die Eingangsgrößen Information und Energie gekennzeichnet (Abb. 3-8). Diese Eingangsgrößen werden im System in die Ausgangsgrößen transformiert. So liegt beispielsweise bei elektrisch angetriebenen Bewegungssystemen die ursprünglich am Systemeingang vorhandene elektrische Energie in Form kinetischer Energie am Systemausgang vor. Die Struktur des Bewegungssystems weist die Systemelemente Software, Steuerung und Industrieroboter auf (Abb. 3-9). Die Software beinhaltet die Bewegungsanweisungen. Dazu gehören sowohl kinematische als auch dynamische Anweisungen. Diese werden von der Steuerung verarbeitet und umgesetzt. Die Umsetzung führt zur Bewegung des Industrierobters. Überdies überwacht und regelt die Steuerung den Bewegungsablauf. Über die Systemgrenze hinaus werden mit der Umwelt Informationen und Energie ausgetauscht.

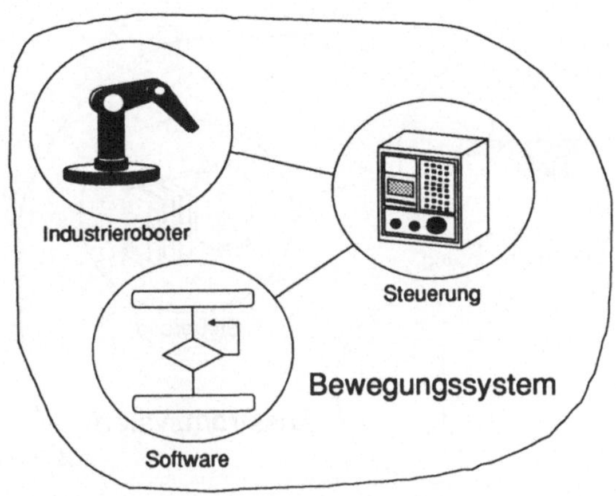

Abb. 3-9: Struktur des Bewegungssystems

In ähnlicher Weise läßt sich das Auströmsystem beschreiben (Abb. 3-10). Zusätzlich zur Energie und zur Information liegt am Systemeingang und -ausgang Stofffluß vor. Die Systemelemente des Ausströmsystems stellen die Software, die Steuerung und die Dosiereinrichtung (Dosierer, Ventil) dar (Abb. 3-11). In der Software sind die spezifischen Anweisungen zur Regelung des Ausströmens hinterlegt. Die Steuerung setzt diese Anweisungen um, so daß die Stellglieder der Dosiereinrichtung analog zur Ausströmvorgabe eingestellt werden können.

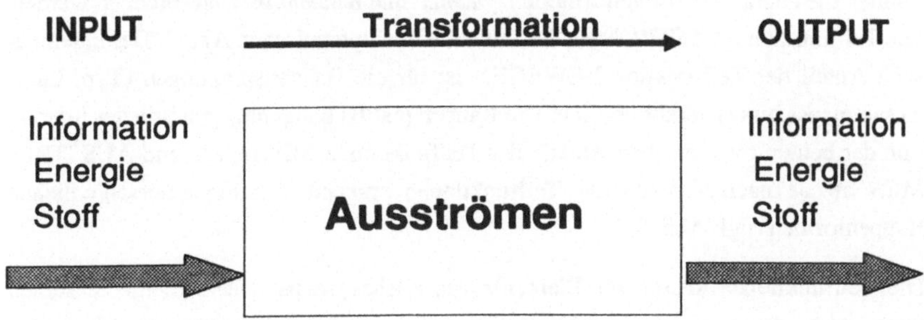

Abb. 3-10: Black-Box-Darstellung des Ausströmsystems

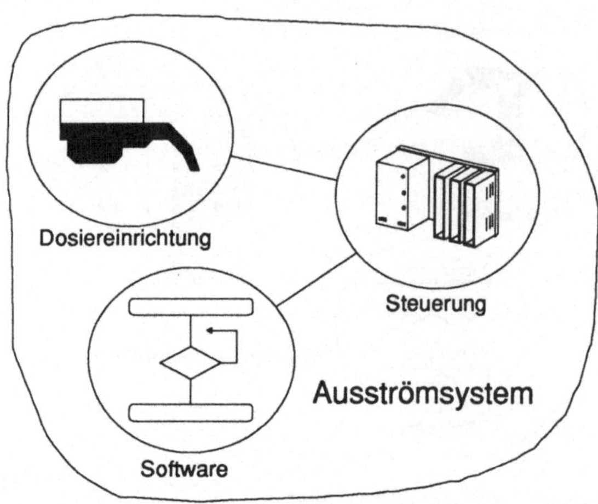

Abb. 3-11: Struktur des Ausströmsystems

3.4. Zusammenfassung und weitere Vorgehensweise

Zur Analyse der Aufgabenstellung wird das Top-Down-Verfahren verwendet. Der Ausgangspunkt der Analyse ist die Darstellung der Gesamtfunktion des Systems als Black-Box. Die Gesamtfunktion AUFTRAGEN des Klebesystems läßt sich in die Teilfunktionen BEWEGEN und AUSSTRÖMEN zerlegen. Der Funktion BEWEGEN können die charakteristischen Anteile *Dynamik* und *Kinematik* zugesprochen werden. Die Teilfunktion AUSSTRÖMEN besitzt nur einen dynamischen Anteil. Der kinematische Anteil der Teilfunktion BEWEGEN ist für die Bahnausprägungen (Typ, Lage, Zusammensetzung) verantwortlich. Die Raupenqualität hängt dagegen von der Interaktion der beiden dynamischen Anteile der Teilfunktionen BEWEGEN und AUSSTRÖMEN ab. Je nach Zustand der Teilfunktionen ergeben sich die unterschiedlichen Raupenformen (vgl. Abb. 3-6).

Die Teilfunktionen stehen für Elemente des Klebesystems. Diese Elemente stellen ihrerseits wiederum eigene Systeme dar. Diese Teilsysteme bestehen aus den Elementen Software, Steuerung und mechanischer Hardware (Industrieroboter bzw. Dosiereinrichtung). Die Software initiiert die Funktionen. Zur Funktionserfüllung regelt die Steuerung die Abläufe der mechanischen Hardware.

Zur Schaffung von Prozeßbausteinen für den modularen Programmbaukasten ist die Kenntnis über das reale Verhalten des Klebesystems Voraussetzung. Das reale Systemverhalten hängt entscheidend vom Grad der Funktionserfüllung der Teilsysteme ab. Zur Entwicklung der neutralen Prozeßbausteine, aus denen später beliebige Programme zum Kleberauftrag erstellt werden können, bedarf es eingehender Untersuchungen an den realen Teilsystemen sowie an deren Zusammenwirken beim Kleberauftrag. Erst die Gesamtkenntnis des Systemverhaltens gewährleistet die Prozeßbeherrschung und ermöglicht es, eine geeignete Dokumentationsform für die Prozeßbausteine zu entwickeln.

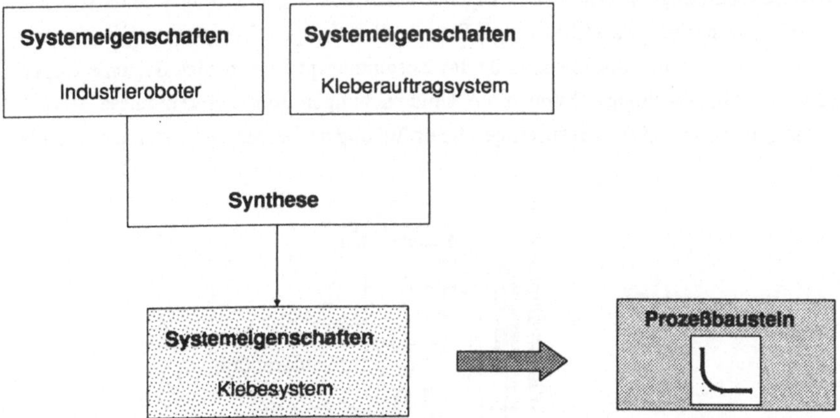

Abb. 3-12: Synthese der Systemeigenschaften der Teilsysteme zur Herleitung der Prozeßbausteine

So werden zunächst Einzeluntersuchungen an dem realen Bewegungssystem *Industrieroboter* sowie dem realen Ausströmsystem *Kleberdosiersystem* durchgeführt. Aus den Systemeigenschaften dieser Teilsysteme kann durch Synthese (Bottom-Up-Verfahren) die Systemeigenschaft des Gesamtsystems hergeleitet werden (Abb. 3-12). Die Kenntnisse über die Eigenschaften des Klebesystems bilden die Grundlage zur Entwicklung der Prozeßbausteine. Für diese Prozeßbausteine soll eine Dokumentationsform entwikkelt werden. Im Anschluß ist eine geeignete Programmstruktur aufzubauen, so daß am Ende der modulare Programmbaukasten ensteht.

4. Entwicklung anwendungsneutraler Prozeßbausteine

4.1. Versuchsaufbau und Vorgehensweise

Der Versuchsaufbau dient zur Untersuchung der Systemeigenschaften des Industrieroboters IR und des Kleberauftragsystems. Beim IR stehen Untersuchungen zu dessen kinematischer und dynamischer Genauigkeit im Vordergrund. Im Zusammenhang mit den dynamischen Untersuchungen wird die Gleichförmigkeit der Bahngeschwindigkeit beim Eckendurchgang erfaßt. Die Eigenschaften des Kleberauftragsystems sollen in Form von Kennlinien darstellt werden. Sie erlauben eine gute Interpretation der Systemeigenschaften. Daran anschließend ist das Zusammenspiel der beiden Systeme Gegenstand der Untersuchung. Durch diese Untersuchungen sollen Erkenntnisse erbracht werden, die den Grad der gegenseitigen Beeinflußung der beiden Teilsysteme widerspiegeln.

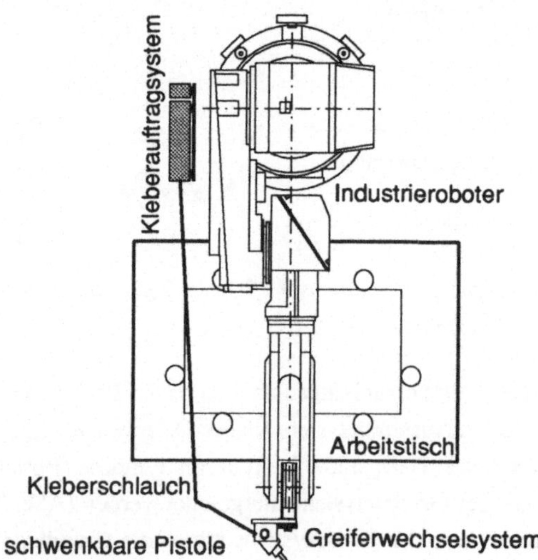

Abb. 4-1: Versuchsaufbau zur Durchführung der Untersuchungen

Ein sechsachsiger Industrieroboter vom Typ manutec r15 /4.1/ mit 15 kg Tragkraft stellt das Kernstück des Versuchsaufbaus (Abb. 4-1) dar. An ihm ist das Kleberauftragsystem /4.2/ fest installiert. Die Kleberpistole ist schwenkbar an der sechsten Achse des IR angebracht. Damit können unterschiedliche Auftragswinkel eingestellt werden. Ein Greiferwechselsystem GWS erlaubt das Anflanschen von beliebigen Testwerkzeugen, die zur Durchführung der Versuchsreihen dienen. Um den IR befindet sich ein Arbeitstisch zur Durchführung der Versuche.

Der zur Durchführung der Versuche eingesetzte IR gehört zur Klasse der 15-kg-Geräte. Er zeichnet sich durch eine schlanke Bauweise und eine gute Dynamik aus. Die Relation von seiner Größe zu seiner Tragkraft bietet eine gute Ausgangsbasis für die Untersuchungen. Die Programmiersprache SRCL /4.3/ besitzt einen umfangreichen Befehlsvorrat, der es erlaubt, über Syntaxanweisungen Einfluß auf das dynamische Verhalten des Roboters zu nehmen. So können über Geschwindigkeits- und Beschleunigungsangaben Optimierungen am Bahnverhalten des IR unternommen werden.

Abb. 4-2: Meßschreiber mit zwei Stiften

Die im folgenden dargestellten Untersuchungen am ausgewählten sechsachsigen Industrieroboters beschäftigen sich mit Problemen eines ebenen Arbeitsraumes. Am Beispiel des ebenen Arbeitsraumes läßt sich die prinzipielle Systematik zur Durchführung der Untersuchungen anschaulich darstellen. Die Systematik kann im nächsten Schritt auf räumliche Probleme übertragen werden. Sie ist unabhängig vom zu leistenden Aufwand zu sehen.

Die notwendigen Experimente werden in einer symmetrisch vor dem IR liegenden Arbeitsebene durchgeführt. Auf einer ebenen Meßplatte sind Meßbögen befestigt, auf denen die vom IR abgefahrenen Bahnen aufgezeichnet werden. Zum Auftrag der Bahnen auf die Meßbögen dient ein Meßeffektor (Abb. 4-2) mit federnd gelagerten Stiften. Ein Stift stellt die direkte Verlängerung der sechsten Achse dar, während ein zweiter Stift 120 mm versetzt angebracht ist. Mit diesem ausgekragten Stift ergibt sich die Möglichkeit bahnüberlagerte Drehungen (Orientierungsveränderungen) darzustellen.

4.2. Eigenschaften des Industrieroboters

4.2.1. Anforderungen an den Industrieroboter

Mit Blickrichtung auf die Entwicklung von neutralen Prozeßbausteinen müssen an das kinematische und dynamische Verhalten des Industrieroboters IR eine Reihe von Anforderungen gestellt werden. Möchte man beispielsweise einen konstanten Raupenquerschnitt beim Kleberauftrag erreichen, dann gelingt dies umso einfacher, je konstanter die Bahngeschwindigkeit des IR ist. Dagegen müßten Geschwindigkeitsänderungen durch analoge Anpassung des Volumenstromes des Klebers kompensiert werden. Die Anforderungen an das Verhalten des IR können nach Abbildung 4-3 formuliert werden.

Anforderungen an das Bahnverhalten des Industrieroboters

- möglichst gleichförmige Bahngeschwindigkeit
- geringer Geschwindigkeitseinbruch bei Richtungsänderungen
- hohe Bahngeschwindigkeit
- hohe Bahntreue
- Orientierungsänderung analog zur Richtungsänderung
- Lastneutralität in Grenzen

Abb. 4-3: Anforderungen an das Bahnverhalten des Industrieroboters

Der Vorteil einer möglichst gleichförmigen Geschwindigkeit des IR für den Klebeauftrag wurde bereits verdeutlicht. Insbesondere bei großen Richtungsänderungen, wie sie beispielsweise bei einer Ecke mit einem Schenkelwinkel von 90 Grad vorliegen, muß versucht werden, diesen Vorteil durch Erzielung eines geringen Geschwindigkeitseinbruches zu wahren. Neben der Gleichförmigkeit ist auch der Betrag der Bahngeschwindigkeit von Bedeutung. Je höher dieser Wert gewählt werden kann, um so niedriger fällt die Zykluszeit für eine Bearbeitung aus. Für den wirtschaftlichen Einsatz des Klebeprozesses stellt dies eine wichtige Forderung dar. Jedoch darf die Bahngeschwindigkeit nicht auf Kosten der Bahngenauigkeit gehen. Große Abweichungen von der programmierten Bahn hätten zwangsläufig Kollisionen zur Folge. Programmierte Richtungsänderungen während eines Kleberauftrages sollen durch eine entsprechende Orientierungsänderung überlagert werden können. Diese Anforderung muß vor dem Hintergrund des Führens eines Werkzeuges gesehen werden, das in Bezug auf die Bewegungsbahn immer gleiche Ausrichtung besitzen soll. In diesem Zusammenhang interessiert auch das Verhalten des IR bei verschiedenen Nutzlasten. So ist es denkbar, daß der IR über zusätzliche Greifwerkzeuge zum Aufnehmen von Teilen verfügt. Je neutraler sich der IR bei verschiedenen Lasten zeigt, um so allgemeingültiger ist die Einsetzbarkeit der zu entwickelnden Prozeßbausteine.

4.2.2. Untersuchungen zur kinematischen Genauigkeit

Abb. 4-4: Rechtecke zur Überprüfung der Genauigkeiten des IR

Zur Untersuchung der Verfahrgenauigkeit fährt der IR Rechteckbahnen ab, die zentrisch vor ihm liegen (Abb 4-4). Die sechste Achse des IR ist senkrecht zur Meßplatte ausgerichtet und ändert in den Eckpunkten ihre Orientierung um jeweils 90 Grad. Dadurch sind bei einem vollen Umlauf von 360 Grad alle Achsen des IR in Bewegung. Die größte abgefahrene Kantenlänge beträgt 840 mm x 490 mm; die Kanten der innenliegenden Rechtecke sind jeweils um 10 mm eingerückt. Um die dynamischen Einflüsse auf das Bahnverhalten auszuschließen, werden die Rechteckbahnen mit einer geringen Bahngeschwindigkeit abgefahren. So ergibt sich eine annähernd statische Belastung für den Industrieroboter. Im dargestellten Fall liegt eine Bahngeschwindigkeit von 1 $m/_{min}$ vor.

Mit Hilfe dieser Rechtecke können Aussagen über die kinematische Genauigkeit des IR getroffen werden. Die kinematische Genauigkeit drückt sich

- in der Wiederholgenauigkeit und
- in der Positionierunsicherheit aus (s. Abschn. 2.1.3.).

Zur Überprüfung der Wiederholgenauigkeit werden identische Rechtecke mehrmals überfahren. Die Genauigkeit des IR liegt jedesmal unter der Auflösungsgenauigkeit der Strichstärke von 0,1 mm. Die herstellerseitig angegebene Wiederholgenauigkeit von maximal +/- 0,1 mm ist damit bestätigt.

Zur Untersuchung der Positionierunsicherheit werden die Seitenlängen und -breiten der aufgezeichneten Rechtecke mit den korrespondierenden Koordinatendaten der Verfahrsätze verglichen. Die Meßergebnisse zeigen merkliche Abweichungen zwischen der Soll- und der Istlage in Bezug auf die vorgegebenen Punktabstände. Die abgefahrene Distanz zwischen zwei Verfahrpunkten der Ebene liegt im Mittel aller Meßergebnisse immer um 0,6 Prozent unter dem rechnerischen Abstand der Koordinatenwerte der Steuerung. So verfährt der Werkzeugursprung TCP bei einer vorgegebenen Verfahranweisung von beispielsweise 1000 mm nur 994 mm in Realität. Im Fall der Off-line-Programmierung des Industrieroboters muß dieser Umstand berücksichtigt werden.

Weitere Untersuchungen an den aufgezeichneten Rechtecken zeigen, daß die Bahnverläufe rechtwinklig und vollkommen symmetrisch sind. Dies kann mit Vergleichsmessungen der Diagonalen sowie deren Schnittpunkt mit den Seitenhalbierenden nachgewiesen werden.

In Versuchsreihen mit gesteigerter Bahngeschwindigkeit verschlechtert sich die Geometriehaltigkeit der Rechteckbahnen. Die Abstände zweier paralleler Seitenkanten erreichen im Auftreffpunkt der Seitenhalbierenden ihr Maximum. Das Abstandsminimum stellt sich jeweils an den Linienenden ein. So ergibt sich insgesamt ein tonnenförmiges Aussehen der Rechtecke (Abb. 4-5). Die Ausbuchtungen liegen dabei immer nach außen. Abgesehen von der Tonnenform sind die gezeichneten Rechtecke symmetrisch, was mit Vergleichsmessungen der Diagonalen nachzuweisen ist.

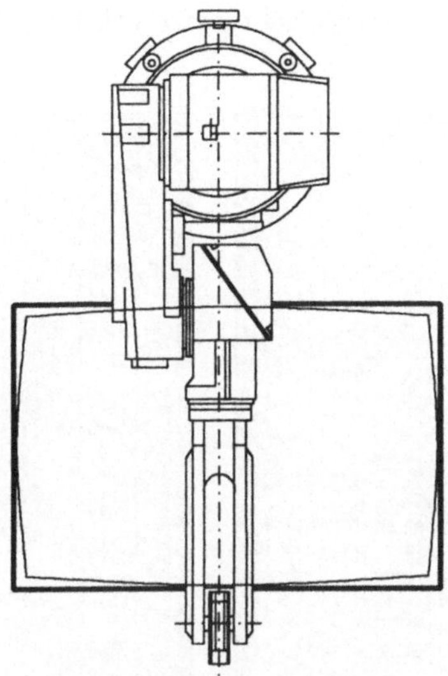

Abb. 4-5: tonnenförmige Verzerrung der Rechtecke

Aufgrund der Tatsache, daß sich mit zunehmender Geschwindigkeitsvorgabe die Tendenz zur Ausbuchtung der Kanten verstärkt, müssen die dynamischen Aspekte des IR-Verhaltens näher untersucht werden. Dynamisch bedingte Bahnfehler bei Bearbeitungsvorgängen mit Robotern führen zu besonderen Schwierigkeiten, wenn mit hohen Geschwindigkeiten relativ genaue Bewegungen ausgeführt werden sollen, z.B. beim Entgraten oder Kleberauftragen /4.4/.

4.2.3. Untersuchungen zum dynamischen Verhalten

Wie im vorigen Abschnitt festgestellt wurde, vergrößern sich die Abweichungen von der Sollbahn bei höheren Geschwindigkeiten. Bei näheren Untersuchungen zeigt sich der Einfluß der Beschleunigung auf die Bahntreue nachhaltiger (Abb. 4-6). Die dort angegebenen Werte verstehen sich prozentual zur maximalem Beschleunigung von 6 m/s^2 .

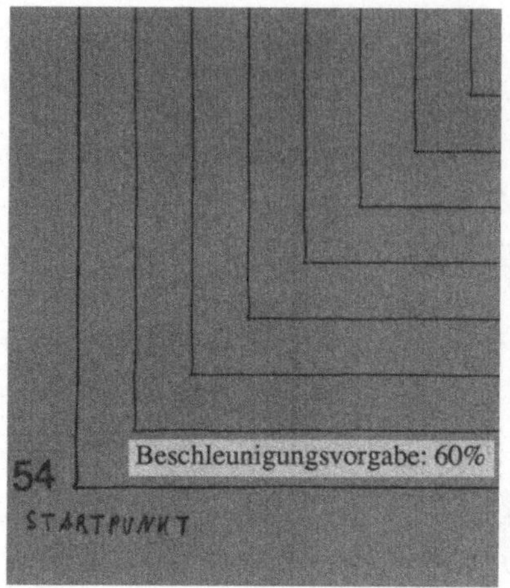

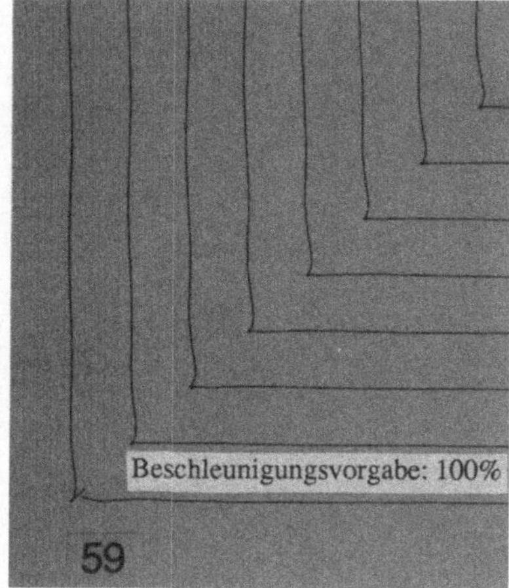

Abb. 4-6: Ecken bei verschiedenen Beschleunigungsvorgaben

Die in Abbildung 4-6 dargestellten Ecken sind Start- und Endpunkt des jeweiligen Rechteckes. Bei den Vertikalen ergeben sich starke Schwingungen. Es besteht ein Zusammenhang zwischen dem Schwingungsverhalten und der Beschleunigung. Bei höheren Beschleunigungswerten stellen sich größe Schwingungsamplituden ein. Die Ursache dieses Verhalten ist die größer werdende Differenz zwischen Soll- und Istlage während eines Abtastzykluses. Diese Differenzvergrößerung stellt sich aufgrund der relativ größeren Bahngeschwindigkeiten bei höheren Beschleunigungswerten ein.

Weitergehende Untersuchungen mit direkt durchfahrener Ecke bringen identische Ergebnisse. Dies ist in der Tatsache begründet, daß der IR in jeder Ecke eine durch den

Regelkreis vorgegebene Stabilisierungszeit zum Einschwingen auf die Sollage hat, somit in der Ecke eine kurze Zeit anhält, um anschließend einen neuen Startvorgang einzuleiten.

Vergleicht man die vier Eckpunkte der Rechtecke, so sind die größten Bahnabweichungen und Schwingungen bei einem Umlauf im Uhrzeigersinn immer in der vorderen linken Ecke zu finden (Abb. 4-7). Der IR bewegt sich hier aus einer kinematisch sehr ungünstigen Position, in der sich die Achsen zwei und drei in einer weit ausgestreckten Stellung befinden.

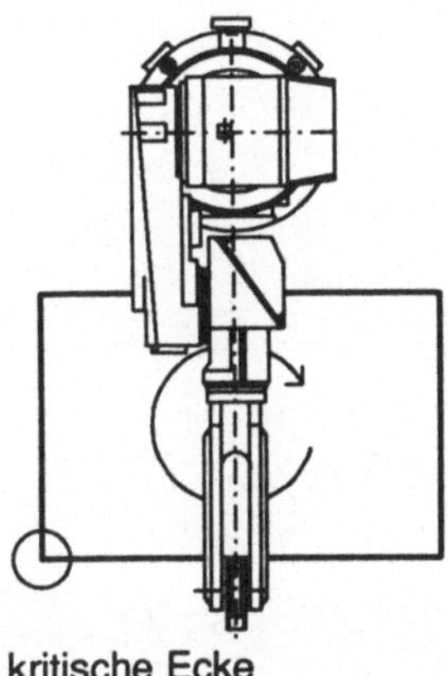

Abb. 4-7: Lage der "kritischen Ecke"

Im weiteren wird dieses Bahnsegment als "kritische Ecke" bezeichnet. Neben der Auskraglänge beeinflußt auch die Bewegungsrichtung das Schwingungsverhalten des IR. Abbildung 4-8 verdeutlicht den Zusammenhang von Bahnabweichung und relativer Bewegungsrichtung im Arbeitsraum. Die dargestellten Ecken werden im Uhrzeigersinn durchfahren und beginnend mit der "kritischen Ecke" jeweils um 5 Grad weitergedreht. Das Schwingungsverhalten nimmt proportional zur Drehung ab.

In diesem Zusammenhang soll nochmals auf die Wiederholgenauigkeit des IR eingegangen werden. Um herauszufinden, ob sich die Schwingungen rein zufällig ergeben, werden bei maximaler Beschleunigung von 6 m/s^2 und bei einer voreingestellten Geschwindigkeit von 20 m/min die Rechtecke zweimal mit dem Meßstift durchfahren. Zur Beurteilung der Wiederholgenauigkeit dient das Verhalten in der kritischen Ecke (Abb. 4-9).

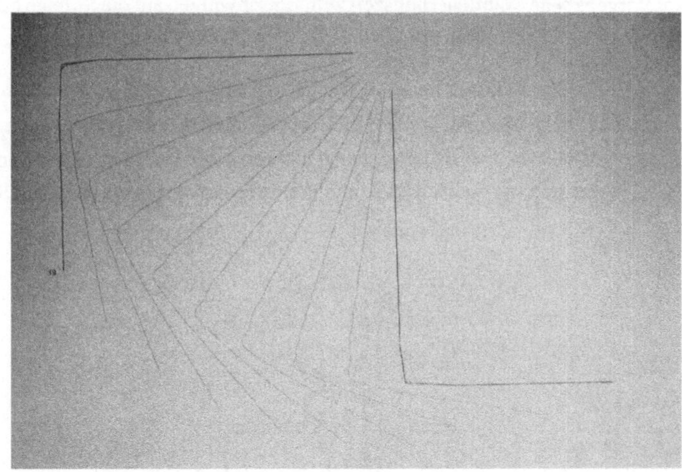

Abb. 4-9: Drehung eines Eckelementes

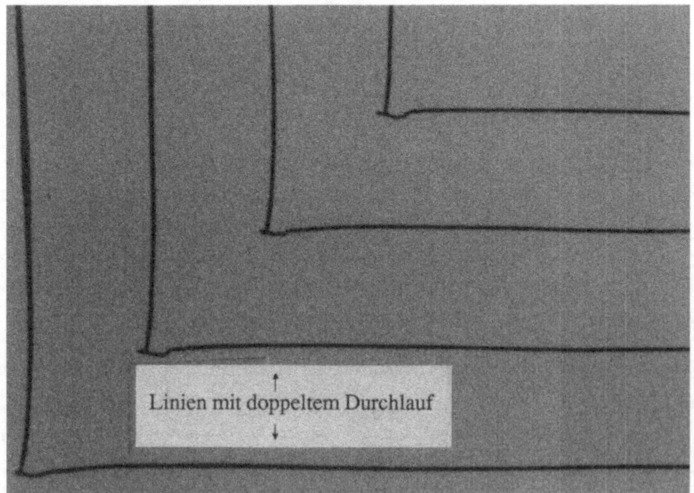

Abb. 4-8: Dynamische Wiederholgenauigkeit des IR

Die beiden übereinanderliegenden Aufzeichnungslinien der Durchläufe sind in der "kritischen Ecke" vollkommen deckungsgleich. Ein Abweichung zwischen dem erstem und dem zweiten Durchgang kann nicht festgestellt werden. Daraus kann die Schlußfolgerung gezogen werden, daß der IR ein konstantes Schwingungsverhalten über eine vorgegebene Bahn aufweist. Über die kinematische Wiederholgenauigkeit hinaus kann hier von einer dynamischen Wiederholgenauigkeit gesprochen werden.

Die bisher durchgeführten Untersuchungen beschäftigten sich mit der Verfahrgenauigkeit des IR. Das Verhalten konnte mit Hilfe eines Meßschreibers festgehalten werden. Zur weiteren Untersuchung des dynamischen Verhaltens des IR soll im nächsten Schritt das Geschwindigkeitsprofil untersucht werden. Hier interessiert vorallem die Gleichförmigkeit der Bahngeschwindigkeit des IR beim Abfahren einer vorgegebenen Strecke. Die Gleichförmigkeit der Bahngeschwindigkeit ist im Zusammenhang mit vernetzten Prozeßsystemen von Bedeutung, da hier das Geschwindigkeitsverhalten des IR direkten Einfluß auf die Prozeßqualität nehmen kann (s. Abschn. 2.1.2., Abb. 2-3).

Als Meßverfahren zur Aufzeichnung der Bahngeschwindigkeit dient die Auswertung einer geschwindigkeitsanalogen Ausgabespannung. Der Industrieroboter besitzt dazu eine spezielle analoge Ausgabekarte /4.5/. Das Analogsignal, das Werte zwischen 0 und 10 Volt annehmen kann, bezieht sich auf eine definierte Bezugsgeschwindigkeit. Diese Bezugsgeschwindigkeit ist für die Durchführdauer der Versuche auf 30 $^{m}/_{min}$ festgelegt (30 $^{m}/_{min}$ = 10 V). Der zeitliche Verlauf der geschwindigkeitsanalogen Spannungswerte wird von einem x/t-Schreiber aufgezeichnet. Zur Analyse des Verhaltens wird die "kritische Ecke" herangezogen, da hier durch die eindeutige Richtungsänderung der Bewegung Rückwirkungen zu erwarten sind (Abb. 4-10).

Über der Zeitachse ist der Geschwindigkeitsverlauf beim Eckendurchgang aufgezeichnet. Das Geschwindigkeitsprofil in der Ecke ist durch einen starken Einbruch gekennzeichnet. Dieser Einbruch beträgt annähernd 50 Prozent des Wertes der maximalen Bahngeschwindigkeit von 24 $^{m}/_{min}$. Die Ursache dafür resultiert aus der im Regelkreis vorgegeben Stabilisierungszeit zum Einschwingen auf die Sollage. Aus diesem Grund verringert der IR beim Eckendurchgang seine Bahngeschwindigkeit.

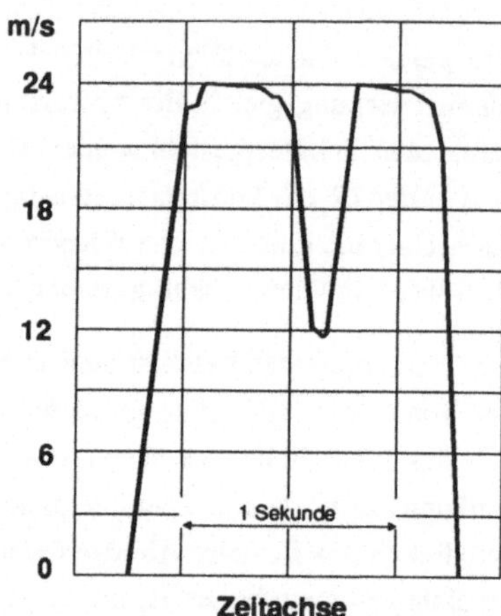

Abb. 4-10: Geschwindgkeitseinbruch beim Eckendurchgang

Ein Verfahren zur Erzielung eines geringeren Geschwindigkeitseinbruches beim Eckendurchgang bei gleichzeitig guter Bahntreue ergibt sich aus dem Einführen von Stützpunkten in Verbindung mit dem programmierbaren Überschleiffaktor (Abb. 4-11). So erhält beispielsweise ein Eckelement über die drei Basispunkte (Anfang, Ecke, Ende) hinaus weitere experimentell zu bestimmende Punkte. Der Überschleiffaktor beeinflußt das Maß der Anfahrgenauigkeit der einzelnen Stützpunkte. Je höher dieser Überschleiffaktor eingestellt ist, desto weitläufiger umfährt der IR die programmierten Punkte und kürzt den Weg in Richtung des nächsten Anfahrpunktes ab. Je stärker ein Punkt überschliffen wird, desto gleichförmiger stellt sich die IR-Bewegung ein.

In Verbindung mit den programmierbaren Geschwindigkeiten und Beschleunigungen sowie der Lage und Anzahl der Stützpunkte bietet sich hier ein Instrumentarium zum Variieren des Geschwindigkeitsverlaufes sowie der Bahntreue. Zusammenfassend ergeben sich für die Beeinflußung des Bahn- und Geschwindigkeitsverhaltens des IR zwei Einflußgrößen:

- dynamische Einflußgrößen;
  (Geschwindigkeit, Beschleunigung, Überschleiffaktor) und
- geometrische Einflußgrößen;
  (Lage und Anzahl von Stützpunkten, Überschleiffaktor).

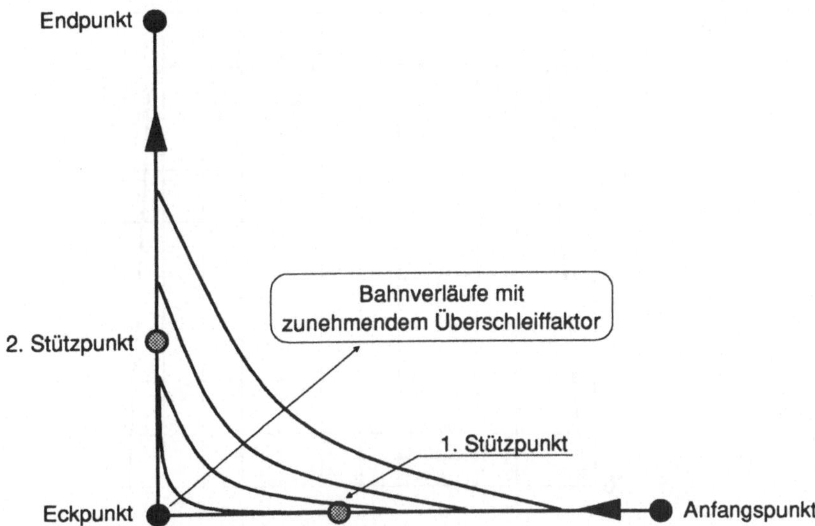

Abb. 4-11: Einfluß des Überschleiffaktors auf den Bahnverlauf

Das Geschwindigkeitsprofil eines Rechteckes, das mit einem voreingstellten Überschleiffaktor von 90 Prozent abgefahren wird, verdeutlicht den geringeren Geschwindigkeitseinbruch gegenüber des in Abb. 4-10 für die "kritische Ecke" dargestellten unüberschliffenen Verlaufes (Abb. 4-12).

Der zeitliche Verlauf der Bahngeschwindigkeit beim Durchfahren der Rechteckbahn ist über der Zeitachse aufgetragen. Der Startpunkt liegt in der Mitte von einer der beiden langen Rechteckseiten. Nach der Startrampe schließt sich ein Bereich mit konstanter Geschwindigkeit an. Der Betrag der maximalen Bahngeschwindigkeit beträgt 24 m/min. In den Ecken verzögert der IR seine Bahngeschwindigkeit um ca. 10 Prozent des Maximalbetrages. Der unruhige Verlauf des Profils im Bereich des Eckendurchganges verdeutlicht das Ausregeln der Schwingungen durch den Regelkreis. Zwischen den Ecken stellen sich konstante Bahngeschwindigkeiten ein.

In diesem Zusammenhang soll abschließend noch der Einfluß von zusätzlicher Last auf das Verhalten des IR beim Eckendurchgang untersucht werden. Zur Untersuchung des Verhaltens dient eine Masse von 5 kg, die einen angeflanschten Effektor simulieren soll. Die Gewichtsverteilung ist symmetrisch zur sechsten Achse über zwei 150 mm lange

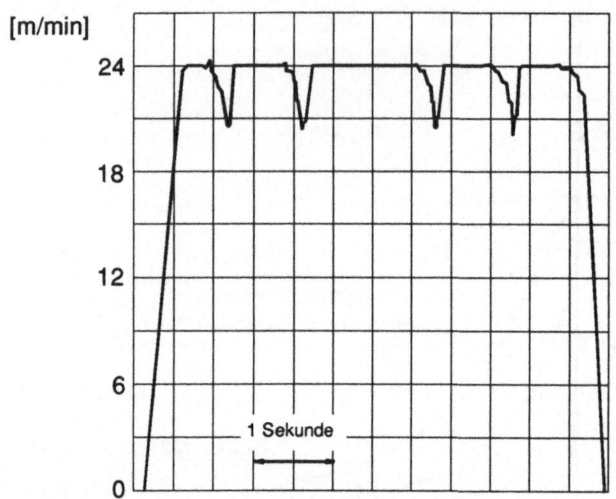

Abb. 4-12: Geschwindigkeitsprofil einer Rechteckbahn mit einem voreingestellten Überschleiffaktor von 90 Prozent

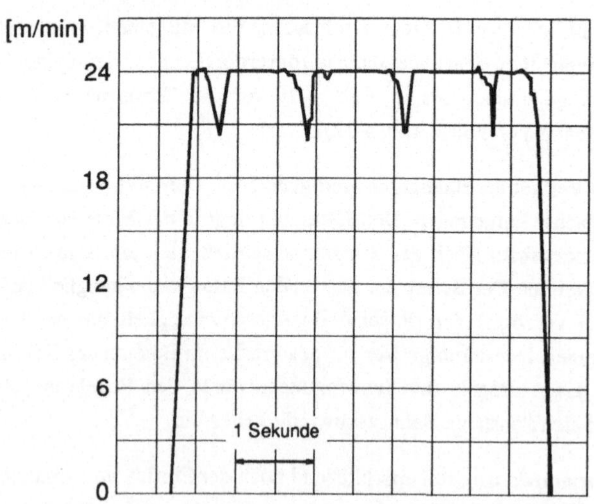

Abb. 4-13: Geschwindigkeitsprofil einer Rechteckbahn mit Zusatzlast am IR bei Beibehaltung des eingestellten Überschleiffaktors von 90 Prozent

Kragarme realisiert. Bei schnellen Orientierungsänderungen treten somit zusätzliche Massenträgheitsmomente auf. Zur Verifizierung dieses Einflußes wird ebenfalls eine Rechteckbahn überfahren (Abb. 4-13).

Der prinzipielle Verlauf des Geschwindigkeitsprofiles mit zusätzlicher Last ähnelt dem ohne Zusatzlast. Auffallend ist der unruhigere Verlauf des Profiles im konstanten Bereich zwischen den Ecken. Hier kommt die größere Last zum Tragen, die erhöhte Anforderungen an den Regelkreis stellt. Die Schwingungen können nicht so schnell geglättet werden wie bei geringerer Last. Vergleichsmessungen mit aufgezeichneten Bahnverläufen auf Papier weisen diese Tendenz ebenfalls auf (Abb. 4-14). Die Schwingung verlängert sich gegenüber den Messungen ohne Last ein wenig. Die Schwingungsamplitude nimmt dagegen nicht zu. Die Gefahr von Kollision aufgrund zu großer Bahnabweichungen ist damit ausgeschlossen.

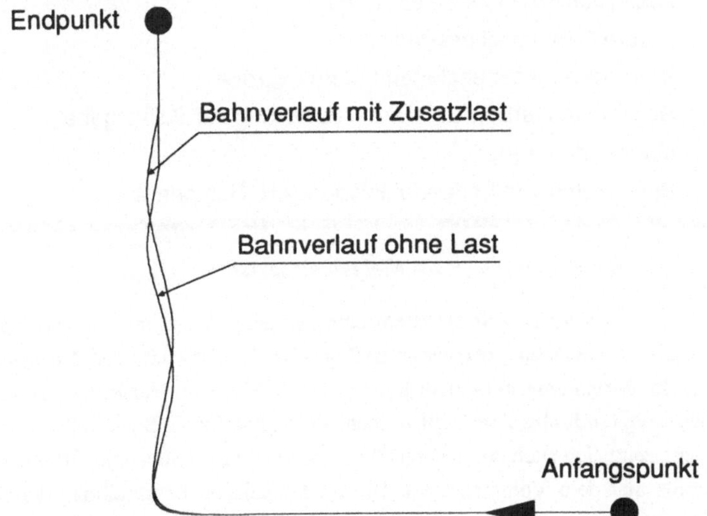

Abb. 4-14: Einfluß der Zusatzlast auf die Bahntreue nach dem Eckendurchgang

4.3. Auswahl und Eigenschaften des Kleberauftragsystems

4.3.1. Anforderungen an das Kleberauftragsystem

Das robotergeführte Kleben stellt an das Kleberauftragsystem besondere Anforderungen, denn nur ein eindeutiges Verhalten des Systems gewährleistet einen qualitativ gleichbleibenden Kleberauftrag (Abb. 4-15).

Anforderungen an das Kleberauftragssystem

- Konstant-Druckerzeuger
- kontinuierliches Öffnen der Düse
- lineare Öffnungscharakteristik
- Verarbeiten einer analogen Führungsgröße
- Regelcharakteristik zur Aufrechterhaltung der Sollvorgabe
- eigene Steuerung
- Bereithalten von Sonderfunktionen, z.B. Rampen

Abb. 4-15: Anforderungen an das Kleberauftragsystem

Dazu benötigt das Kleberauftragsystem eine geregelte Ausströmgeschwindigkeit des Klebers. Die Voraussetzung zu einer guten Regelcharakteristik liefert der Konstantdruckerzeuger. In Verbindung mit einem kontinuierlich öffnenden Austrittsventil kann der Volumenstrom feinfühlig eingestellt werden. Vorteilhaft für die Beeinflußung des Volumenstroms zeigt sich auch ein linearer Zusammenhang zwischen dem Öffnungswinkel des Ventils und dem Volumenstrom. Die mathematische Beschreibung der linearen Kennlinie ist einfach beschreibbar. Ebenfalls ergibt sich daraus eine gute Analogie zwischen Kleberanforderung und Kleberausbringung. Für das Zusammenwirken von Industrieroboter und Kleberauftragsystem beim Kleberauftrag ist dies von entscheidender Bedeutung. Die Kommunikation zwischen beiden Systemen gestaltet sich durch den linearen Zusammenhang weniger aufwendig als zum Beispiel bei Kennlinien höherer Ordnung.

Diese Anforderungen werden von einem 1K-Kleberauftragsystem besser erfüllt als von einem 2K-Kleberauftragsystem (s. Abschn. 2.2.). Aufgrund der besseren Regelcharakteristik sowie wegen des unproblematischeren Klebermaterials findet für die Untersuchungen ein 1K-Kleberauftragsystem Verwendung.

4.3.2. Eigenschaften des Kleberauftragsystems

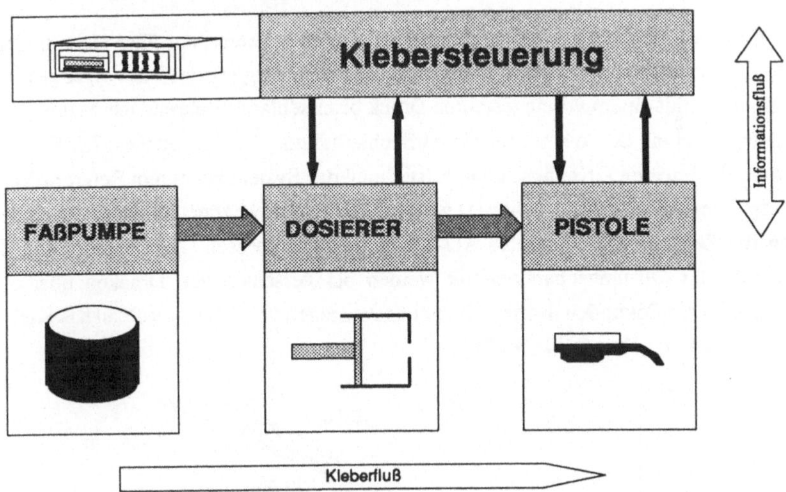

Abb. 4-16: Komponenten des Kleberauftragsystems

Die wesentlichen Eigenschaften des ausgewählten 1K-Kleberauftragsystems (Abb. 4-16) sind:

- Sollvolumenvorgabe im Kleberprogramm möglich,
- Regelung zur Aufrechterhaltung der Sollvorgabe,
- externe Anwahl von Kleberprogrammen,
- Dosieransteuerung über analoge Spannung,
- Konstantdruck am Dosierventil,
- lineare Öffnungscharakteristik und
- Bereithaltung von Rampenfunktionen.

Die Sollvolumenvorgabe dient als Referenzvolumen zur tatsächlich innerhalb eines Schußes ausgebrachten Menge. Die ausgebrachte Menge ist eine Funktion des Ausschiebedruckes, der Zeit und der Schieberöffnung. Die Öffnungszeit und die Schieberstellung gibt ein übergeordnetes System (beispielsweise die Industrierobotersteuerung) durch Vorgabe und Dauer einer analogen Spannungsvorgabe an. Die internen Korrekturgrößen nehmen Einfluß auf den Ausschiebedruck und den Öffnungsbetrag des Schiebers.

Den Konstantdruck am Schieber erzeugt ein Volumendosierer, der über einen ungeregelten Systemdruck mit Kleber gefüllt wird. Nach Beendigung des Füllvorganges wird die Kammer mit einem voreingestellten Druck beaufschlagt. Während der Materialausbringung sorgt ein Servoventil für die Aufrechterhaltung des Solldruckes. Zur Gewährleistung der linearen Öffnungscharakteristik muß das System bei einem Referenzdruck, dem späteren Arbeitsdruck, kalibriert werden. Dazu wird bei zunehmender Schieberöffnung die Zeit für ein konstantes Ausbringvolumen gemessen. Zur Überprüfung der Linearität der Öffnungscharakteristik werden bei verschiedenen Drücken über eine Zeitdauer von 5 Sekunden diskrete Spannungsvorgaben von 1 bis10 Volt an das Kleberauftragsystem gegeben (Abb. 4-17).

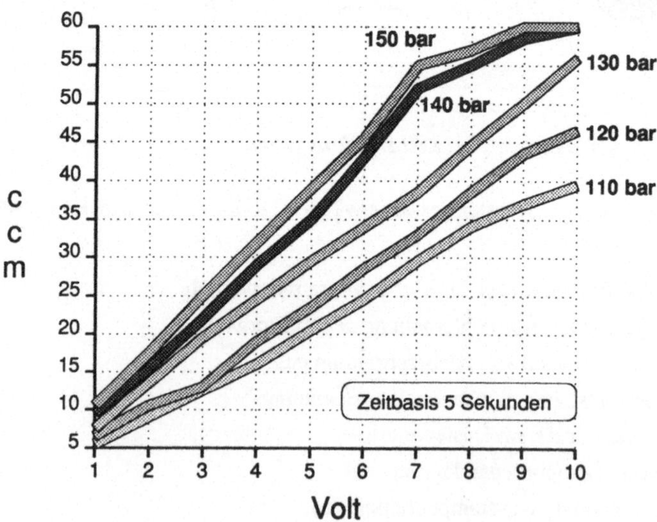

Abb. 4-17: Kennlinien des Dosierers bei unterschiedlichen Drücken

Die Kennlinien besitzen in bestimmten Bereichen einen guten linearen Verlauf. Die mittlere Steigung nimmt bei höheren Drücken zu. Die Anlage arbeitet erst ab Spannungsvorgaben über 1,0 Volt. Die Abflachung der Kennlinen höherer Drücke ab etwa 7 Volt liegt an der maximal ausbringbaren Menge von ca. 60 ccm des Dosierers. Für die nachfolgende Entwicklung der Prozeßbausteine wird ein Druck von 130 bar zugrunde gelegt. Die mittlere Steigung der Kennlinie beträgt 5,5 ccm/Volt.

4.3.3. Auswahl eines geeigneten Klebers

Zur Durchführung der Klebeversuche findet ein 1k-Silikon-Kleber Verwendung. Silikon-Produkte sind pastöse Massen, die bei Raumtemperatur durch die Aufnahme von Luftfeuchtigkeit vernetzen. Je nach Vernetzungssystem (Abb. 4-18) setzt die Reaktion chemische Produkte frei.

Eigenschaften von Silikon-Klebern		
Vernetzungs-System	Reaktions-geschwindigkeit	Haftflächen
Acetat	langsam bis schnell	Glas/glasierte Flächen, Alu
Amin-Oxim	langsam	alkalisch reagierende wie Beton
Amin	sehr schnell	wie Amin-Oxin
Oxim	langsam	sehr universell
Benzamid	sehr langsam	sehr universell
Alkoxy	sehr langsam	sehr universell

Abb. 4-18: Eigenschaften von Silikon-Klebern, Quelle /4.6/

Die Hauptgruppen sind Acetatvernetzer, Aminvernetzer sowie neutrale Systeme. Während das erstgenannte System bei der durch Luftfeuchtigkeit initiierten Vernetzung Essigsäure abspaltet, so setzt das andere bei diesem Vorgang Amine frei /2.36/. Die Entwicklung zielt auf die neutralen Systeme, die beim Vernetzen keine chemisch aggressiven und geruchsbelästigenden Spaltprodukte freisetzen. Als Kleber wird ein Acetatvernetzer eingesetzt, der sich durch sein thixotropes Verhalten sehr gut für die

Versuchsreihen eignet. Thixotrope Materialien zeichnen sich durch die notwendige Fließeigenschaft während einer mechanischen Beaufschlagung aus, behalten jedoch ab dem Zeitpunkt des Inruhelassens unabhängig vom Vernetzungprozeß ihre Form bei. Die Kleberraupen frieren damit unmittelbar das Versuchsergebnis ein und bieten somit die Möglichkeit, zeitunkritisch Vergleiche zwischen unterschiedlichen Voreinstellungen vorzunehmen. Für andere Klebeapplikationen kann dann später ein für die spezielle Aufgabe abgestimmter Kleber Verwendung finden.

4.4. Zusammenwirken der Komponenten

4.4.1. Einleitung

Die gewonnen Erkenntnisse über die Eigenschaften von IR und Kleberauftragsystem sollen nun herangezogen werden, um beide Systeme mit einander zu verbinden. Ziel der Entwicklung muß ein Programmier-Werkzeug sein, das als Prozeßbaustein zur Programmierung von Roboterbahnen Verwendung finden kann. Der Zugriff auf solche Elemente erlaubt dem Programmierer eine große Sicherheit bei der Programmierung eines Bewegungsprogrammes. Zur Gewährleistung dieser Sicherheit muß ein solches Element eine Reihe von Zielvorgaben erfüllen (Abb. 4-19).

Zielvorgaben Prozeßbaustein

- Variation der Geschwindigkeit
- Variation des Raupenquerschnittes
- hohe Bahngeschwindigkeit
- konstanter Raupenquerschnitt
- hohe Geometriehaltigkeit
- geringes Schwingungsverhalten
- eingestellte Raupenqualität unabhängig von Geschwindigkeit (IR)
- eingstellte Raupenqualität unabhängig von Ausströmvorgabe (Kleber)

Abb. 4-19: Zielvorgaben an einen zu entwickelnden Prozeßbaustein

Da ein solches Element für ein breites Sprektrum Anwendung finden soll, darf es nicht auf eine spezielle Aufgabe hin ausgelegt sein. So muß die Bahngeschwindigkeit wie auch der Raupenquerschnitt unabhängig von einander einstellbar sein. Andererseits dürfen die Randbedingungen wie hohe Bahngeschwindigkeit, konstanter Raupenquerschnitt und Geometriehaltigkeit durch die Variationen der Geschwindigkeit sowie des Raupenquerschnittes nicht verletzt werden. Ziel ist es, immer eine gleichbleibende Raupenqualität zu erreichen. Die eingestellte Raupenqualität darf innerhalb definierter Grenzen weder von der Bahngeschwindigkeit des IR noch von der Ausströmvorgabe für den Kleber beeinflußt werden.

Am Beispiel der "kritischen Ecke" (s. Abschn. 4.2.3.) soll geprüft werden, in welcher Form die Zielvorgaben verwirklicht werden können. Die prinzipiell zur Verfügung stehenden Einflußfaktoren, die aufeinander abgestimmt werden müssen, sind zusammenfaßend in Abb. 4-20 dargestellt.

Einflußgrößen		
dynamisch	geometrisch	Ansteuerung Kleberausbringung
- Geschwindigkeit - Beschleunigung - Überschleiffaktor	- Anzahl d. Stützpunkte - Lage d. Stützpunkte - Überschleiffaktor	- geschw. analoge Spannungsvorgabe - konstante Spannungsvorgabe - diskret wechselnde Spannungsvorgabe

Abb. 4-20: Einflußgrößen auf die Qualität der Kleberraupe

Die dynamischen Einflußgrößen ergeben sich aus der Kombination der Voreinstellungswerte für die Geschwindigkeit, die Beschleunigung sowie den Überschleiffaktor. Zur Erzielung einer guten Bahntreue dienen die geometrischen Einflußfaktoren. Hier können die Anzahl sowie die Lage der Stützpunkte verändert werden. Ebenso kann über die Höhe des Überschleiffaktors das Maß der Anfahrgenauigkeit eines Punktes beeinflußt werden.

Die geforderte Raupenqualität eines konstanten Querschnittes hängt vom Betrag der Spannungsvorgabe für die Klebermengenausbringung in Relation zur Bahngeschwindigkeit des IR ab. Prinzipiell kann die Spannungsvorgabe geschwindigkeitsanalog, konstant oder diskret wechselnd sein. Bei der geschwindigkeitsanalogen Vorgabe ist der Betrag der Spannungsvorgabe an die momentane Bahngeschwindigkeit gekoppelt. Bei der konstanten Vorgabe von Spannungswerten bleibt der Ausgabewert über den gesamten Bahnverlauf unverändert. Im Gegensatz dazu zeichnet sich die diskret wechselnde Spannungsvorgabe durch das Einstellen unterschiedlicher Spannungsniveaus aus.

Die Entwicklung des Prozeßbausteins "Eckelement" und die Herleitung der optimalen Kombination der Einflußfaktoren wird im folgenden aufgezeigt. Ausgangsbasis der Betrachtungen sind die unterschiedlichen Ansteuerungsmöglichkeiten für die Klebermengenausbringung.

4.4.2. Geschwindigkeitsanaloge Spannungsvorgabe

Zur Überprüfung der Einsetzbarkeit einer geschwindigkeitsanalogen Spannungsvorgabe wird der entsprechende Befehl in das Verfahrprogramm einer Ecke eingebunden. Vor der Ecke bildet sich eine Einschnürung aus, während sich im eigentlichen Eckpunkt eine erhöhte Klebermenge ansammelt (Abb. 4-21).

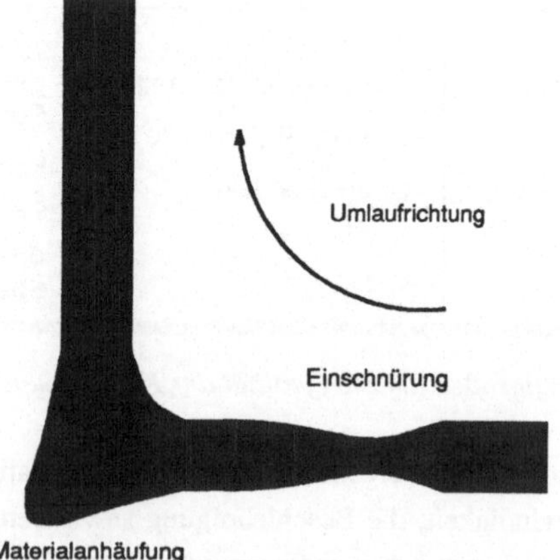

Abb. 4-21: Einschnürung der Kleberraupe bei geschwindigkeitsanaloger Spannungsvorgabe der Führungsgröße

Bei Variation der Geschwindigkeit wandert die Einschnürung bei höheren Geschwindigkeiten von der Ecke weg. Die Erklärung liegt in einer Vergrößerung des Schleppabstandes des Regelkreises, so daß die Istlage des Werkzeugursprunges der Sollage hinterhereilt. Die Ausgabe der analogen Spannungsvorgabe geschieht jedoch in direktem Bezug zur idealen Sollage. Dieser geschwindigkeitsabhängige Effekt steht im Gegensatz zur Forderung, ein allgemeingültiges Werkzeug zu schaffen.

Die geschwindigkeitsanaloge Spannungsvorgabe scheitert an der nicht vorhandenen Synchronisation zwischen Ausgabe der Spannung und tatsächlichem Ort des Werkzeugursprungs TCP. Hier ist der Steuerungshersteller gefordert, diese im Ansatz sinnvolle Schnittstelle zu optimieren. Bei einer verläßlichen Synchronisation existiert dann eine universell einsetzbare Schnittstelle zur Führung geschwindigkeitsabhängiger Prozesse.

4.4.3. Konstante Spannungsvorgabe

Die Anforderungen für den zu entwickelnden Prozeßbaustein "Eckelement" zielen u.a. auf einen konstanten Raupenquerschnitt (s. Abb. 4- 19). Bei der Vorgabe einer konstanten Spannungsvorgabe für die Klebermengenausbringung ergibt sich für den Geschwindigkeitsverlauf beim Eckendurchgang die Forderung nach einem gleichförmigen Geschwindigkeitsprofil des IR. Jede Art von Geschwindigkeitseinbruch hätte sonst eine Vergrößerung des Raupenquerschnittes zur Folge. Ebenso ist für den zu entwickelnden Prozeßbaustein die Bahntreue, also das exakte Abfahren einer Ecke, von Bedeutung. Ein wichtiges Kriterium zur Beurteilung der Bahntreue stellt das Schwingungsverhalten nach dem Eckendurchgang dar. Die nachfolgenden Versuche zeigen, daß unter der gegebenen Voraussetzung einer konstanten Spannungsvorgabe das Verhalten von Schwingungstendenz und Gleichförmigkeit der Geschwindigkeit gegenläufig ist. Eine optimierte Eckengeometrie mit sechs Stützpunkten liefert konstante Raupenquerschnitte bei starker Schwingungsneigung, während sich bei einer optimierten Eckengeometrie mit sieben Punkten das umgekehrte Ergebnis einstellt.

Da im aufgezeigten Fall die Ansteuerung des Klebedosiersystems als konstant vorausgesetzt ist, ergibt sich zusammenfassend, daß bei vernetzten Prozeßsystemen (s. Absch. 2.1.2.) ein einseitiges Optimieren nicht zielbringend ist. Vielmehr wird hier deutlich, daß beide Systeme, der Industrieroboter sowie das Kleberauftragsystem, aufeinander abgestimmt werden müssen.

4.4.3.1. Die "6-Punkt-Ecke"

In Versuchen wurden systematisch verschiedene Punktkonstellationen für das Eckelement gewählt und getestet. Ein Eckelement mit insgesamt sechs Punkten liefert hinsichtlich eines konstanten Raupenquerschnittes die besten Ergebnisse (Abb. 4-22).

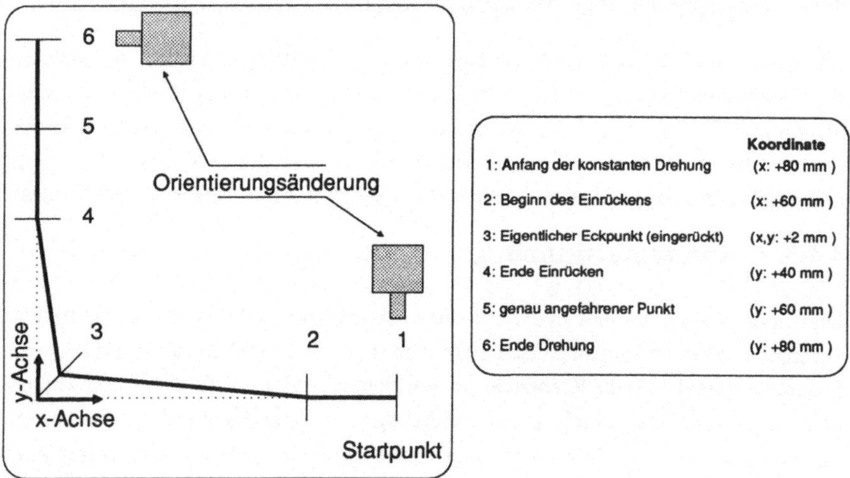

Abb. 4-22: Punktekonstellation der "6-Punkt-Ecke"

Der Startpunkt liegt 80 mm vom Eckpunkt entfernt. In einem Abstand von 60 mm vom Eckpunkt beginnt das Einrücken, das im Eckpunkt beendet wird. Dem ganzen Vorgang ist die Orientierungsänderung überlagert. Die ideale Geometrie wird 40 mm nach der Ecke wieder erreicht. Die Orientierungsänderung endet 80 mm nach dem Eckendurchgang. Zwischen diesen beiden Punkten befindet sich ein Stützpunkt, der zur Bahnkorrektur beiträgt. Mit Ausnahme dieses Punktes werden alle anderen mit 100 Prozent überschliffen. Dieser Punkt wird als genauer Punkt bezeichnet. Eine Veränderung des Überschleiffaktors für diesen Stützpunkt zeigt jedoch keine Auswirkungen auf das Raupenbild (Abb. 4-23). Die Raupenform zeigt sich gleichbleibend konstant. Die auftretenden Schwingungen nach dem Eckendurchgang bleibt jedoch erstaunlich hoch. Die Anforderung nach einer guten Geometriehaltigkeit ist nicht gewährleistet.

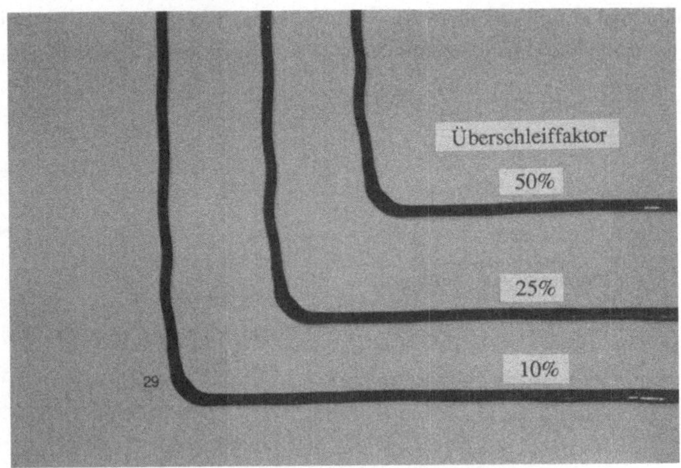

Abb. 4-23: Variation des Überschleiffaktors in der Ecke

4.4.3.2. Die "7-Punkt-Ecke"

Zur Verringerung des Nachschwingens wird versucht, durch das Einfügen eines weiteren Stützpunktes nach der Ecke die Bahntreue zu erhöhen. Die Eckenform und die dazugehörenden Geometriedaten der "7-Punkt-Ecke" sind schematisch in Abb. 4-24 dargestellt. Ziel bleibt es, eine hohe gleichförmige Geschwindigkeit beim Eckendurchgang zu erreichen.

Gegenüber der "6-Punkt-Ecke" zeigt sich ein vermindertes Schwingungsverhalten. Die Dicke der Raupe hingegen ist nicht völlig konstant. Kurz hinter der Ecke tritt eine deutliche Ausbuchtung auf (Abb. 4-25, links). Diese Ausbuchtung liegt zwischen dem Eck- und dem Zwischenpunkt. Dieser Bereich wird mit 30 Prozent überschliffen. Zwangsläufig reduziert die IR-Steuerung die Bahngeschwindigkeit. Eine Erhöhung des Überschleiffaktors auf einen Wert von 60 Prozent verbessert die Raupenform, jedoch verschlechtert sich das Schwingungsverhalten (Abb. 4-25, rechts). Bei noch höheren Überschleiffaktoren kommt es zu deutlichem Überschwingen in der Ecke. Verändert man die Punktabstände, so zeigt sich die gewählte Anzahl der Stützpunkte als kritisch. Steuerungsbedingt sind Mindestabstände der Punkte einzuhalten, damit der Überschleiffaktor Auswirkungen zeigt. Da das Eckelement kompakt sein soll, begrenzt diese Konstellation den Variationsspielraum. Damit kann auch diese Geometrieform in Verbindung mit den aufgezeigten Variationen nicht das gewünschte Ergebnis liefern.

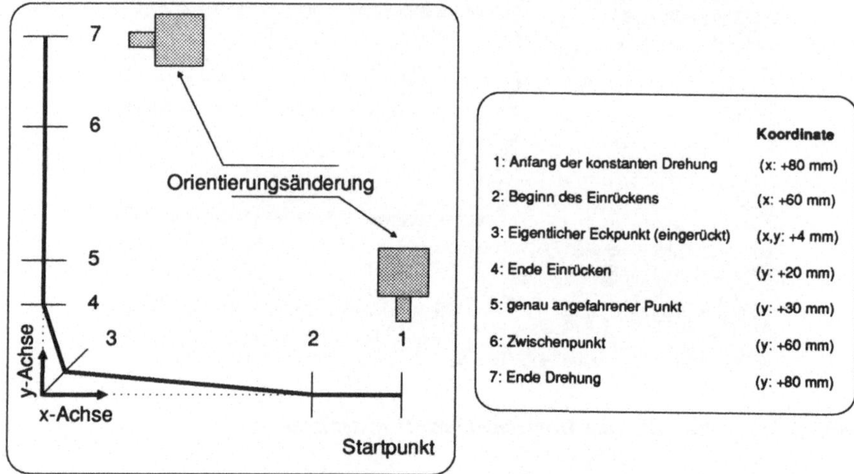

Abb. 4-24: ***Punktekonstellation der Ecke mit sieben Punkten***

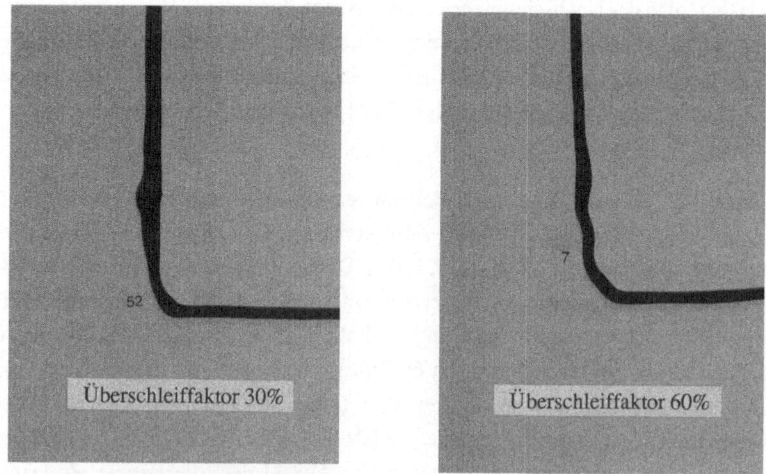

Abb. 4-25: ***Einfluß des Überschleiffaktors auf die "7-Punkt-Ecke"***

4.4.5. Diskret wechselnde Spannungsvorgabe

Die unmittelbar vorangegangenen Untersuchungen zeigen, daß es unter der Voraussetzung einer konstanten Spannungsvorgabe nicht möglich ist, gleichzeitig einen geringen Geschwindigkeitseinbruch und ein geringes Schwingungsverhalten beim Eckendurchgang zu erzielen. Die Philosophie des einseitigen Optimierens einer Systemkomponente muß daher aufgegeben werden. Im weiteren Verlauf steht aus diesem Grund das Verhalten des Gesamtsystems sowie dessen Optimieren im Vordergrund der Betrachtungen.

Das genaue Anfahren des zusätzlichen Stützpunktes der "7-Punkt-Ecke" mit geringem Überschleiffaktor führte zu einer guten Bahntreue. Akzeptiert man den größeren Geschwindigkeitseinbruch in der Ecke, dann kann unter Verzicht auf die Stützpunkte der eigentliche Eckpunkt als genauer Anfahrpunkt dienen. Die wesentliche Konsequenz dieser Vorgehensweise ist das diskrete Absenken der Spannungsvorgabe in Relation zum Geschwindigkeitseinbruch. Diese Überlegung führt zur Entwicklung der "5-Punkt-Ecke" (Abb. 4-26).

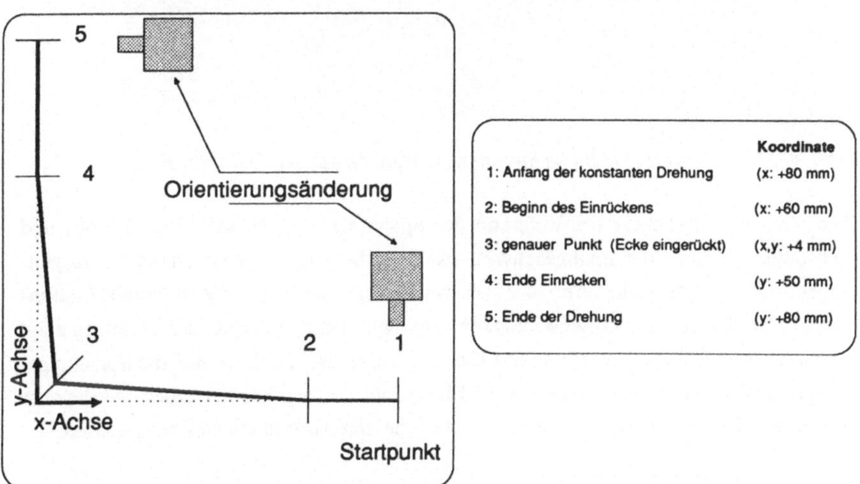

Abb. 4-26: Punktekonstellation der "5-Punkt-Ecke"

Charakteristisch für die "5-Punkt-Ecke" ist ihr beinahe symmetrischer Aufbau. Der eigentliche Eckpunkt wird genau angefahren, um eine exakte Raupenlage zu erzielen. Der Überschleiffaktor erhält einem Wert von 30 Prozent, da diese Einstellung einen guten Kompromiß zwischen Schwingungsverhalten und Geschwindigkeitseinbruch darstellt.

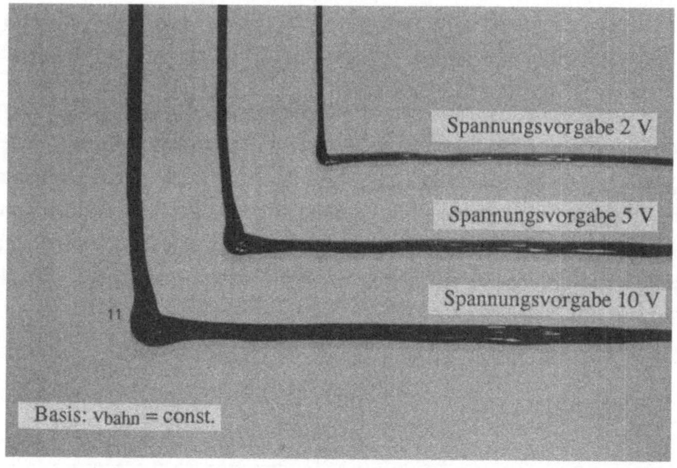

Abb. 4-27: Unterschiedliche Spannungsvorgaben bei der "5-Punkt-Ecke"

Die Versuchsergebnisse bei Variation der Spannungsvorgabe (10, 5 u. 2 Volt) und konstanter Vorgabe der Bahngeschwindigkeit des IR zeigen ein kinematisch sehr günstiges Verhalten der Ecke (Abb. 4-27). Erwartungsgemäß liegen die Materialanhäufungen - bedingt durch den Geschwindigkeitseinbruch- genau am Eckpunkt. Günstig zeigt sich die symmetrische Verteilung des Klebers. Im nächsten Schritt muß die Spannungsvorgabe diskret in der Ecke abgesenkt und danach wieder angehoben werden. Die diskrete Reduktion der Spannung geschieht nach zwei zu untersuchenden Gesichtspunkten:

- prozentualer Anteil und
- Charakteristik.

Beim prozentualen Anteil interessiert die Frage, um wieviel Prozent die Spannung reduziert werden muß, damit sich eine konstante Raupendicke einstellt.

Die Charakteristik beschreibt die Art und Weise der Schließung bzw. des Öffnens des Schiebers. Je nach Betrag einer programmierbaren Integrationszeit geschieht die Veränderung der Schieberstellung sprungartig oder rampenförmig.

Das Einfügen von zwei Befehlen zur Spannungsvorgabe unmittelbar nach dem Eckpunkt bewährt sich am besten (Abb. 4-28). Der erste führt zum vollständigen Schließen des Schiebers, während durch den zweiten Befehl eine 70 Prozent Öffnung eingestellt wird. Die programmierten Rampen in Verbindung mit den Systemträgheiten, die aufgrund der schnellen Abarbeitung der Befehle ausgenutzt werden, führen zu dem gewünschten Ziel.

Syntax der 5-Punkt-Ecke

- 1. Punkt: Anfang der konstanten Drehung
- 2. Punkt: Beginn des Einrückens
- Überschleiffakor von 30 Prozent
- 3. Punkt: genauer Punkt (Eckpunkt, eingerückt)
- Ausbringmenge 0 Prozent, Integrationszeit 0,5 Sekunden
- Ausbringmenge 70 Prozent, Integrationszeit 0,4 Sekunden
- Überschleiffaktor von 100 Prozent
- 4. Punkt: Ende Einrücken
- Ausbringmenge 100 Prozent, keine Integrationszeit
- 5. Punkt: Ende Drehung

Randbedingungen

Bahngeschwindigkeit: 11 - 24 m/min
Beschleunigung: 40 %
Steigung der Dosierkennlinie: 5,5 ccm/Volt
Spannungsvorgabe: 1 - 10 Volt

Abb. 4-28: Syntaktischer Aufbau der optimierten "5-Punkt-Ecke"

Sowohl bei verschiedenen Spannungsvorgaben und konstanter Geschwindigkeitsvorgabe (Abb. 4-29) als auch bei unterschiedlichen Geschwindigkeiten und konstanter Spannungsvorgabe (Abb. 4-30) bleibt die Raupenqualität hinsichtlich Schwingungsverhalten und Dicke annähernd gleich. Damit ist die Funktionalität der "5-Punkt-Ecke" für die beiden Extremfälle der Parameterbelegungen aus Geschwindigkeit und Spannungsvorgabe belegt. Vor diesem Hintergrund kann die gefundene Konstellation für alle Kombinationen aus möglichen Parameterbelegungen zwischen diesen Extremwerten eingesetzt werden.

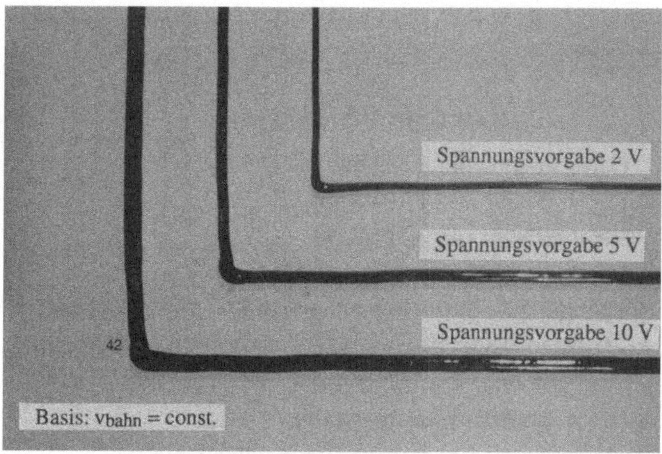

Abb. 4-29: Variation der Spannungsvorgaben bei der optimierten "5-Punkt-Ecke"

Die Ecken werden mit einer konstanten Geschwindigkeitsvorgabe von 24 m/min durchfahren. Der Geschwindigkeitseinbruch beim Eckendurchgang wird durch die diskrete Reduktion der Spannungsvorgabe voll kompensiert. Bei verschiedenen Spannungsvorgaben von 2, 5 und 10 Volt ändert sich der Raupenquerschnitt analog zur Vorgabe. Die Durchmesserkonstanz bleibt über den gesamten Eckenbereich erhalten.

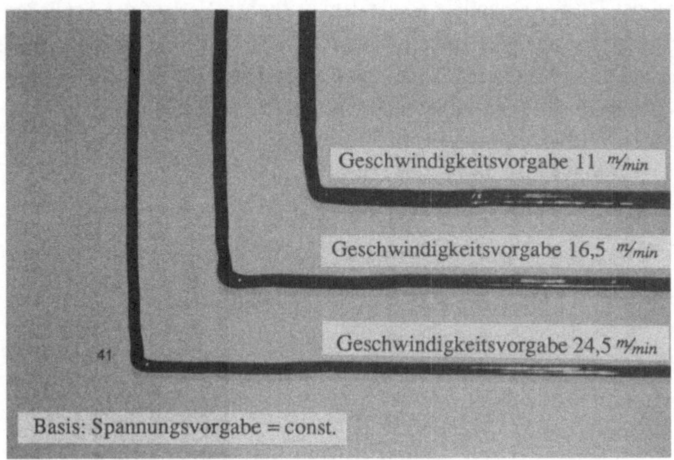

Abb. 4-30: Variation der Bahngeschwindigkeit bei der optimierten "5-Punkt-Ecke"

Die Spannungsvorgabe bleibt bei der Durchführung der Versuchsreihen konstant. Der Raupenquerschnitt zeigt sich annähernd gleichbleibend. Bei der Ecke, die mit einer Geschwindigkeitsvorgabe von 11 m/min durchfahren wird, ist die Reduzierung der Spannungsvorgabe durch eine leichte Einschnürung nach der Ecke erkennbar. Bei den Ecken mit den höheren Geschwindigkeiten zeigt sich diese leichte Einschnürung nicht. Die Geschwindigkeitsvorgabe von 11 m/min stellt somit den unteren tolerierbaren Extremwert dar.

Zur Verdeutlichung der diskreten Spannungsreduzierung zur Kompensation des Geschwindigkeitseinbruches beim Eckendurchgang sind in Abbildung 4-31 die Profile der Bahngeschwindigkeit und der Spannungsvorgabe gegenübergestellt.

Der Geschwindigkeitseinbruch liegt bei ca. 50 Prozent der maximalen Bahngeschwindigkeit von 24 m/min. Aus dem relativ glatten Profilverlauf kann der schwingungsarme Eckendurchgang herausgelesen werden. Der zur Kompensation des Geschwindigkeitseinbruches notwendige Spannungsverlauf ist in der rechten Bildhälfte dargestellt. Die Reduktion der Spannungsvorgabe beträgt im dargestellten Fall etwa 25 Prozent. Die prozentuale Reduktion des Volumenstromes dagegen, die am Ende zu der konstanten

Raupe führt, ist analog zur Geschwindigkeitsreduktion zu sehen. Ihr Wert ergibt sich aus der Steigung der Dosiererkennlinie sowie dem zeitlichen Verlauf des Schließens beim Eckendurchgang. Bei der Verwendung einer flacheren Kennlinie müßte beispielsweise der Wert für die Reduzierung der Spannungsvorgabe höher gewählt werden. Der grundsätzliche Aufbau der "5-Punkt-Ecke" bleibt davon jedoch unberührt.

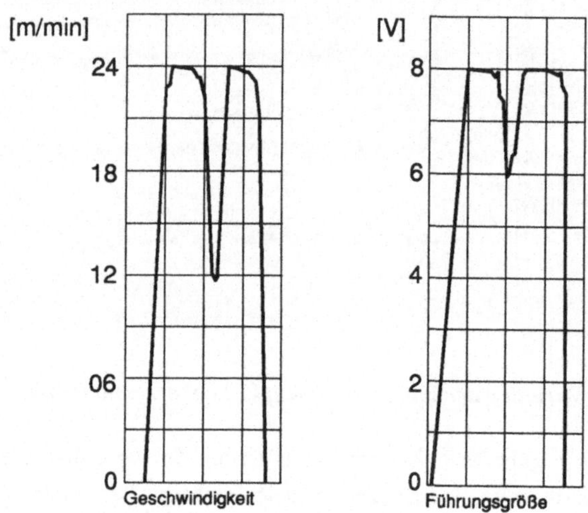

Abb. 4-31: *Gegenüberstellung der Profile der Bahngeschwindigkeit und der überlagerten Spannungsvorgabe bei der optimierten "5-Punkt-Ecke"*

Die Ergebnisse belegen deutlich die Eignung der gewählten Eckengeometrie in Verbindung mit den diskret verknüpften Spannungsvorgaben. Die gegenläufigen Tendenzen von Schwingungsneigung und Geschwindigkeitseinbruch, wie sie bei der "6-Punkt-Ecke" und der "7-Punkt-Ecke" zu verzeichnen waren (s. Abschn. 4.4.4.), können bei der "5-Punkt-Ecke" nicht festgestellt werden. Der Zusammenhang zwischen IR und Kleberauftragsystem ist damit in seinen Grundzügen erfaßt. Der Raupenquerschnitt ist sowohl über die Geschwindigkeit als auch über eine Variation der Spannungsvorgabe einstellbar. Das Schwingungsverhalten des IR wird dabei nicht negativ beeinflußt.

4.5. Aufbereitung der Ergebnisse

4.5.1. Standardisierungsansatz

Der für die Ecke entwickelte Prozeßbaustein zeichnet sich durch seine universelle Einsatzmöglichkeit in einem ebenen Arbeitsraum aus. Die geometrische Zuordnung der Stützpunkte sowie die überlagerte Drehung des Werkzeugkoordinatensystems stehen in einem festen Zusammenhang. Die Ausgabe der Spannungsvorgabe geschieht nach einem definierten, an die Bahn gekoppelten Ablauf. Dieser innere Zusammenhang bildet die Basis für einen Algorithmus.

Für den Programmierer soll dieser Zusammenhang nutzbar sein. In einem Vereinbarungsteil werden dem Algorithmus die Randbedingungen übergeben, indem z.B. die Lage des Startpunktes sowie die Durchlaufrichtung eingegeben werden. Der Algorithmusteil berechnet dann die Parameter der Verfahrsätze und übergibt diese dem Ausführungsteil. Hier sind die kompletten Verfahranweisungen für ein Element hinterlegt. Dieser systematische Aufbau liefert einen Prozeßbaustein "Ecke", der sich aus den drei Teilen Vereinbarungsteil, Rechenteil (Algorithmus) und Ausführungsteil zusammensetzt (Abb. 4-32).

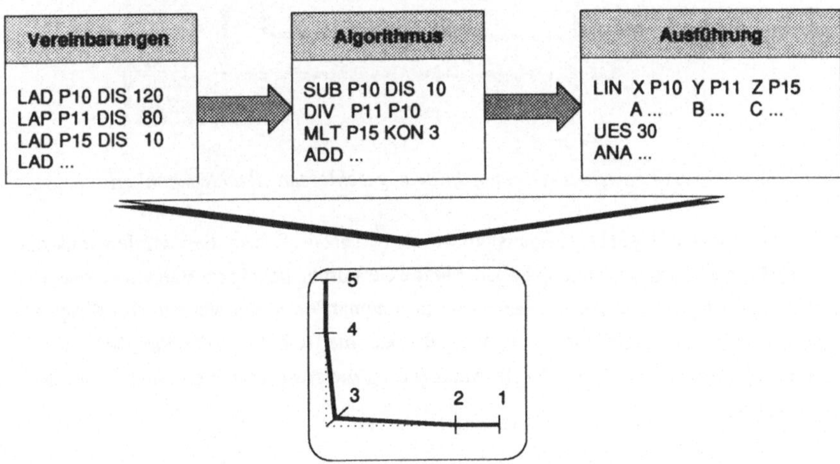

Abb. 4-32: Prinzipieller Aufbau eines Prozeßbausteines am Beispiel einer Ecke

4.5.2. Definition von Prozeßbausteinen

Mit Hilfe der Prozeßbausteine können Bewegungsbahnen in der Ebene gebildet werden (Abb. 4-33). Die Aneinanderreihung der Prozeßbausteine "Ecke", "Gerade" und Überlapper erzeugt die Bewegungsprogramme für die dargestellten Rechtecke. In Abb. 4-34 sind weitere Prozeßbausteine dargestellt. Solche Elemente stellen der Prozeßbaustein "Bogen" mit freiwählbaren Radien sowie der Prozeßbaustein "Anfang/Ende" mit auswählbaren Übergängen dar.

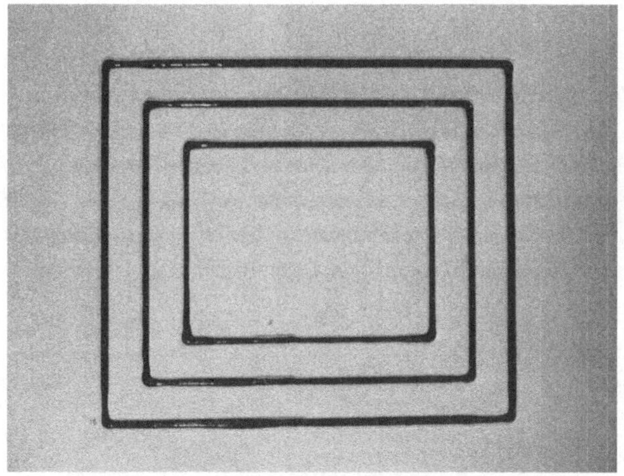

Abb. 4-33: Aus Prozeßbausteinen gebildete, geschlossene Rechteckbahnen

Die Zielvorgaben für ein Prozeßbaustein wie sie in Abb. 4-19 formuliert wurden, müssen für alle Prozeßbausteine Geltung haben. Für die Gestaltung beliebiger Bahnen im ebenen Arbeitsbereich des IR können diese Bausteine aneinander gefügt werden. Der Raupenquerschnitt bleibt über die Spannungsvorgabe oder die IR-Bahngeschwindigkeit beeinflußbar und erlaubt das individuelle Anpassen an die Anforderungen einer konkreten Applikation.

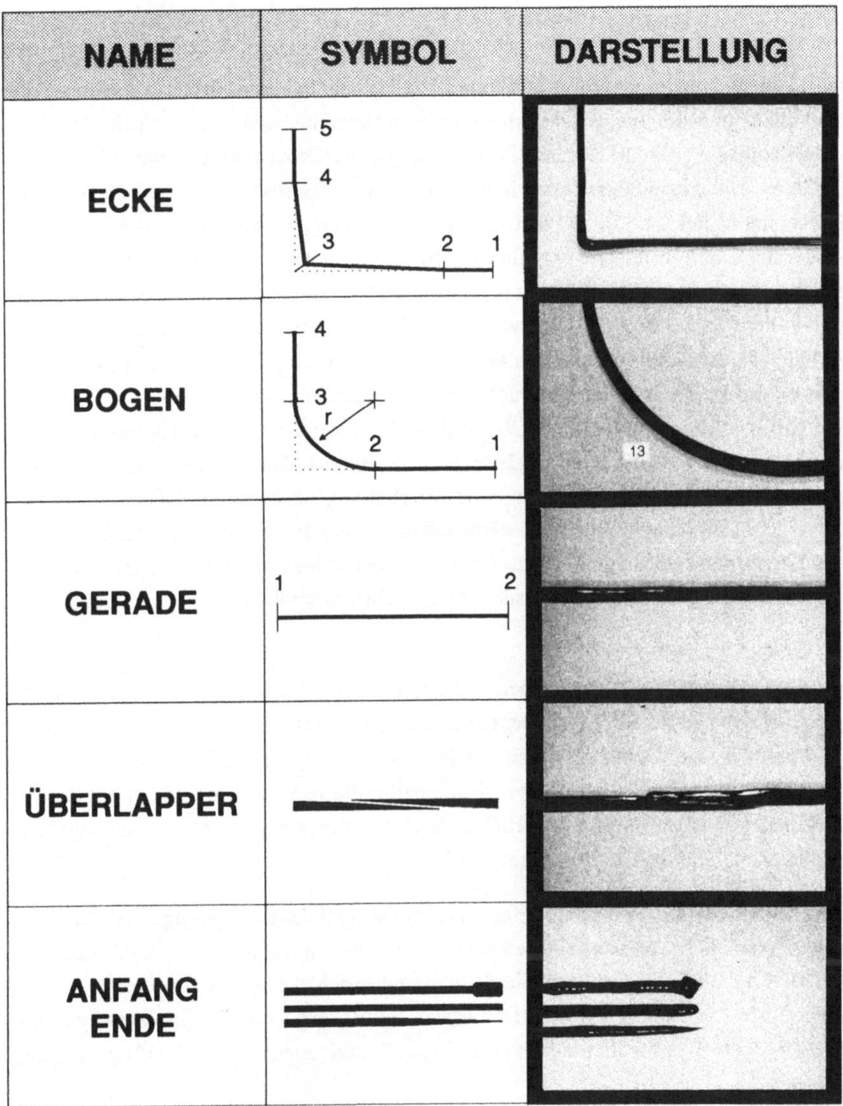

Abb. 4-34: Zusammenstellung der Prozeßbausteine

4.6. Zusammenfassung

Die Untersuchungen am Industrieroboter IR zielen auf das kinematische und dynamische Verhalten der Maschine. Bei den kinematischen Betrachtungen ergibt sich eine Wiederholgenauigkeit, welche die herstellerseitig angebene Größenordnung von +/- 0,1 mm bestätigt. Die Positionierunsicherheit liegt bei vorgegebenen Punktabständen in der Ebene im Mittel ca. 0,6 Prozent unterhalb der Vorgabe der Koordinatenwerte der Steuerung. Das dynamische Verhalten des Industrieroboters führt bei starken Richtungsänderungen zu deutlichen Schwingungen. Die größten Ausprägungen der Schwingungen sind in der sog. "kritischen Ecke" vorhanden. Die Dokumentation dieses Schwingungsverhaltens geschieht mit Hilfe von aufgezeichneten Bewegungsbahnen. Zur Verdeutlichung des Geschwindigkeitseinbruches beim Eckendurchgang dient ein x/t-Schreiber. Mit Hilfe des programmierbaren Überschleiffaktors kann der Betrag des Geschwindigkeitseinbruches reduziert werden. Jedoch verringert sich dazu gegenläufig die Anfahrgenauigkeit der Bahnpunkte. Zur Aufrechterhaltung einer guten Bahntreue können zusätzliche Stützpunkte eingeführt werden. Abschließende Versuche mit einer Zusatzlast von 5 kg führen keine negativen Auswirkungen auf die Bahntreue und das Geschwindigkeitsprofil nach sich. Die Voruntersuchungen am Industrieroboter sind damit abgeschlossen.

Für die Untersuchungen des Kleberauftragsystems dient ein 1K-Kleberauftragsystem. Dieses 1K-System besitzt gegenüber einem 2K-Kleberauftragsystem eine bessere Regelcharakteristik. Dies zeigt sich insbesondere in einer linearen Dosiererkennlinie. Das kontinuierlich arbeitende Austrittsventil unterstützt dieses Verhalten maßgeblich. Der für die Versuche ausgewählte Kleber eröffnet durch sein thixotropes Verhalten eine sehr gute Vergleichsmöglichkeit der Raupenergebnisse.

Die Entwicklung der Prozeßbausteine wird am Beispiel der Ecke gezeigt. Die Anforderungen an einen Prozeßbaustein zielen auf ein breites Einsatzspektrum. Der Prozeßbaustein darf nicht nur für eine spezielle Aufgabe ausgerichtet sein. Darüber hinaus soll die Raupe einen konstanten Querschnitt aufweisen. Selbst bei hohen Bahngeschwindigkeiten wird eine gute Bahntreue, die sich in geringen Schwigungen um die Sollbahn zeigen, gefordert.

Die zur Entwicklung der Prozeßbausteine zur Verfügung stehenden Parameter ergeben sich aus den dynamischen und den geometrischen Einflußfaktoren. Zu diesen Einflußfaktoren gehört auch die Ansteuerungsmöglichkeit für die Klebermengenausbringung. Eine geschwindigkeitsanaloge Ansteuerung scheitert an einem regelungstechnisch bedingten Schleppabstand zwischen der Soll- und der Istlage. Die Konsequenz dieser Differenz zeigt sich in Einschnürungen der Kleberraupe vorm eigentlichen Eckpunkt. Zusätzlich ist die Lage der Einschnürung vom Betrag der Bahngeschwindigkeit abhängig.

Weitere Versuche, bei denen eine konstante Ausströmvorgabe sowie ein möglichst geringer Geschwindigkeitseinbruch beim Eckendurchgang vorliegen, verdeutlichen, daß konstante Raupenquerschnitte in Verbindung mit einem geringen Schwingungsverhalten nicht erzielbar sind. Diese Versuchsreihen unterstreichen sehr klar, daß ein einseitiges Optimieren einer Systemkomponente (hier beispielsweise der IR) die gestellten Anforderungen zur Entwicklung der Prozeßbausteine nicht erfüllen kann. Charakteristisch für vernetzte Prozeßsysteme ist die gegenseitige Beeinflußung. Diese Tatsache hat das gemeinsame Optimieren zur Folge.

Zielbringend sind daher diskret wechselnde Ausströmvorgaben, die einer Eckengeometrie von 5 Punkten überlagert sind. Um die Schwingungen zu verringern, wird bewußt ein größerer Geschwindigkeitseinbruch in der Ecke erzeugt. Zur Erzielung einer konstanten Raupe erhält die Ausströmvorgabe kurzeitig einen niedrigeren Wert. Die Qualität der Raupen bleibt sowohl bei einer Variation der Geschwindigkeitsvorgaben, als auch bei einer Variation der Ausströmvorgaben annähernd konstant. Das Ergebnis stellt einen Prozeßbaustein dar, der die geforderte Anwendungsneutralität besitzt.

Für diesen Prozeßbaustein läßt sich eine dreigliedrige Struktur angeben. Im Eingabeteil stehen die diesen Prozeßbaustein definierten Größen wie beispielsweise Klebermenge und Startpunkt. Diese Eingabedaten bereitet der Algorithmusteil auf, so daß sie im Ausführungsteil zu den entsprechenden Verfahr- und Ausströmanweisungen herangezogen werden können. Zur Beschreibung der übrigen aufgezeigten Prozeßbausteine wie Gerade oder Bogen besitzt diese Struktur ebenfalls Geltung. Damit ist die Entwicklung der Prozeßbausteine abgeschlossen.

5. Entwicklung des prinzipiellen Aufbaus des modularen Programmbaukastens

5.1. Anforderungen

Im Rahmen dieses Abschnittes wird der prinzipielle Aufbau des modularen Programmbaukastens hergeleitet. Auf der Grundlage dieses modularen Programmbaukastens können unterschiedliche Klebeprogramme sicher und schnell erstellt werden. Zur Gewährleistung der schnellen und sicheren Programmerstellung muß der modulare Programmbaukasten eine Reihe von Anforderungen erfüllen (Abb. 5-1).

Anforderungen an den modularen Programmbaukasten
- anwendungsneutrale Elemente
- klar definierte Schnittstellen der Elemente
- Kombinierbarkeit der Elemente
- Ablegbarkeit von Standard-Kombinationen
- schnelle Programmerstellung
- kurze Inbetriebnahmezeiten
- Gewährleistung einer hohen Prozeßsicherheit

Abb. 5-1: Anforderungen an den modularen Programmbaukasten

Zunächst benötigt der modulare Programmbaukasten anwendungsneutrale Elemente. Aus diesen Elementen müssen anwendungsspezifische Klebeprogramme erstellbar sein. Dies ist nur dann möglich, wenn alle Elemente des modularen Programmbaukastens klar definierte Schnittstellen besitzen. Die freie Kombination der Elemente ist nur auf diese Art und Weise gewährleistet. Häufig vorkommende Kombinationsformen der Elemente sollen nicht jedesmal neu erstellt werden. Die Ablegbarkeit solcher Standard-Kombinationen im modularen Programmbaukasten trägt zur Zeitersparnis bei späteren Programmerstellungen bei. Neben der schnellen Programmerstellung muß ebenso eine kurze Inbetriebnahmephase des Programmes möglich sein. Eine wesentliche Voraussetzung dafür stellt die Prozeßsicherheit der im modularen Programmbaukasten hinterlegten Elemente dar.

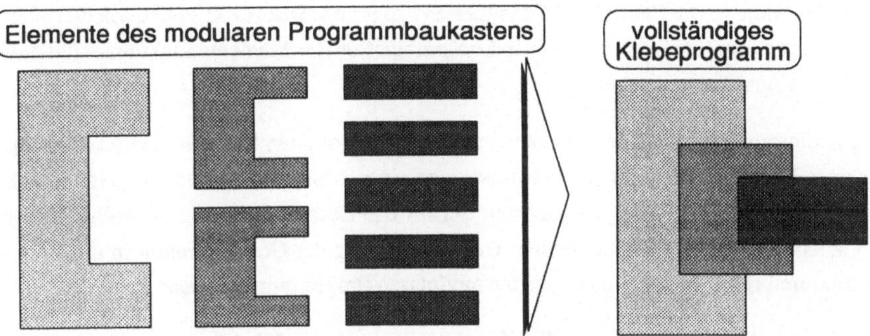

Abb. 5-2: Bildung eines vollständigen Klebeprogrammes aus den Elementen des modularen Programmbaukastens

Mit den einzelnen Elementen des modularen Programmbaukastens können nun vollständige Klebebprogramme erstellt werden (Abb. 5-2). In Abhängigkeit von der konkreten Aufgabenstellung sind die betreffenden Elemente aus dem modularen Programmbaukasten zu entnehmen. Ihre Kombination führt dann zum vollständigen Klebeprogramm.

5.2. Vorgehensweise

Mit den Prozeßbausteinen, die in Abschn. 4. entwickelt wurden, stehen anwendungsneutrale Elemente zur Verfügung. Sie erlauben die Bildung von beliebigen Raupenbahnen, indem die einzelnen Prozeßbausteine aneinandergereiht werden. Die prozeßspezifischen Funktionen sind in diesen Bausteinen hinterlegt. Das vollständige Klebeprogramm muß darüber hinaus weitere Funktionen erfüllen. Eine dieser Funktionen stellt die serielle Ablaufvorschrift für die einzelnen Prozeßbausteine dar. Ebenso muß das vollständige Klebeprogramm Funktionen erfüllen, die dem eigentlichen Kleberauftrag übergeordnet sind. Die Prüfung aller Voraussetzungen, die für die Durchführung der Aufgabenstellung notwendig sind, zählt zu diesen Funktionen. Erst wenn das betreffende Basisteil bereitgestellt ist, kann der Auftrag des Klebers beginnen.

Das vollständige Klebeprogramm kann folglich als eine aus Teilfunktionen zusammengesetzte Gesamtstruktur betrachtet werden. Zergliedert man diese Gesamtstruktur in Unterfunktionen, so beinhaltet jede dieser Unterfunktionen eine bestimmte Anzahl von Teilfunktionen. Die Elemente des modularen Programmbaukastens stellen solche Unterstrukturen dar. Nur so können durch die Kombination der Elemente funktionserfüllende Klebeprogramme entstehen.

Aus diesem Grund werden zur Entwicklung des modularen Programmbaukastens und seiner Elemente zunächst die Teilfunktionen eines Klebeprogrammes hergeleitet. Aus den Teilfunktionen kann im nächsten Schritt die Gesamtstruktur eines vollständigen Klebeprogrammes gebildet werden. Die Unterteilung der Gesamtstruktur in die Unterstrukturen führt zu den Elementen des modularen Programmbaukastens.

5.3. Herleitung der Teilfunktionen eines Klebeprogrammes

Zur Herleitung der Teilfunktionen wird ein Fallbeispiel herangezogen (Abb. 5-3). Im Arbeitsraum eines Industrieroboters IR befindet sich eine Bereitstellungseinrichtung, auf der ein Basisteil in definierter Position bereitgestellt ist. Die Aufgabe des IR besteht im Auftrag einer Kleberraupe auf das Basisteil. Der Ablauf kann wie folgt beschrieben werden. Nachdem das Basisteil definiert bereitliegt, fährt der IR von seiner Ausgangspo-

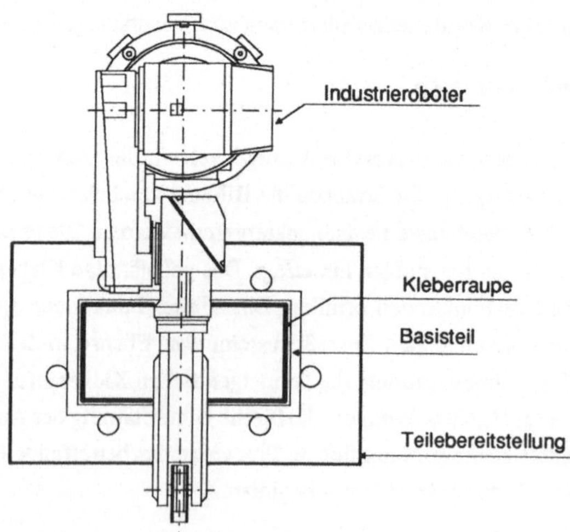

Abb. 5-3: Layoutdarstellung des Fallbeispiels

sition zur Bereitstellungseinrichtung. Aus einer über dem Basisteil liegenden Position senkt sich der IR zum Startpunkt der Kleberraupe. Nach dem Kleberauftrag fährt der IR in seine Ausgangsstellung zurück.

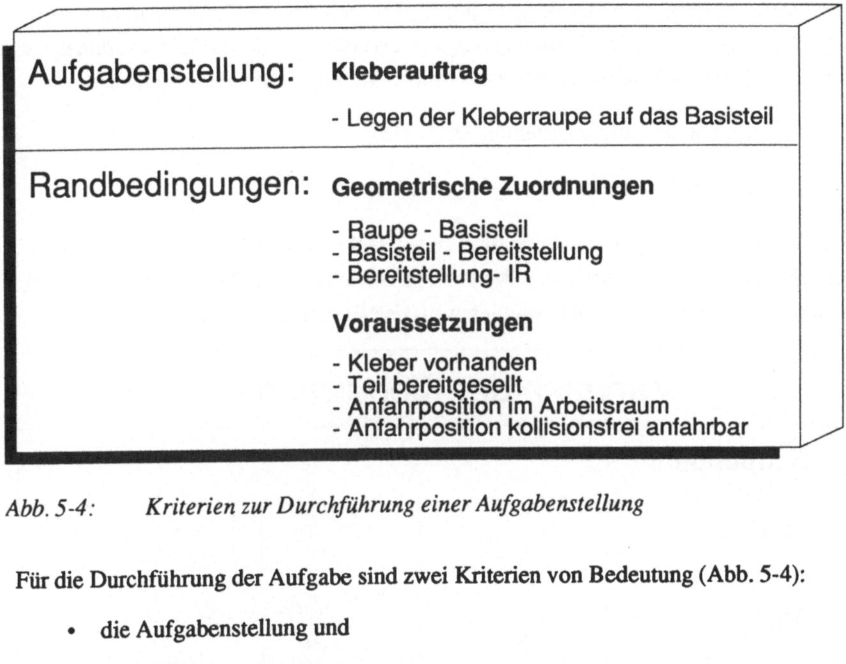

Aufgabenstellung:	**Kleberauftrag** - Legen der Kleberraupe auf das Basisteil
Randbedingungen:	**Geometrische Zuordnungen** - Raupe - Basisteil - Basisteil - Bereitstellung - Bereitstellung- IR **Voraussetzungen** - Kleber vorhanden - Teil bereitgesellt - Anfahrposition im Arbeitsraum - Anfahrposition kollisionsfrei anfahrbar

Abb. 5-4: Kriterien zur Durchführung einer Aufgabenstellung

Für die Durchführung der Aufgabe sind zwei Kriterien von Bedeutung (Abb. 5-4):

- die Aufgabenstellung und
- die Randbedingungen zur Durchführung der Aufgabe.

Die Aufgabenstellung ist durch das Legen der Raupe auf das Basisteil definiert. Die Randbedingungen ergeben sich aus den Voraussetzungen sowie den geometrischen Zuordnungen. Zu den Voraussetzungen zählen alle Bedingungen, die vor dem Legen der Raupe erfüllt sein müssen. Dazu gehören beispielsweise das Vorhandensein des Basisteils sowie das Vorhandensein des Klebers. Ebenso müssen Start- und Endpunkt der Bearbeitung im Arbeitsraum des IR liegen. Die Bearbeitung selbst kann erst beginnen, wenn der IR die Bereitstellungseinrichtung kollisionsfrei angefahren hat. Die geometrischen Zuordnungen ergeben sich aus der räumlichen Lage der Aufgabenstellung im Arbeitsraum des Industrieroboters. So hat die Raupe eine definierte Lage zum Basisteil. Das Basisteil steht seinerseits in einer Lagezuordnung zur Bereitstellungseinrichtung.

Für die Bereitstellungseinrichtung und den IR kann eine solche Lagezuordnung ebenfalls angegeben werden.

Sowohl die Aufgabenstellung (Kleberraupe) als auch die Randbedingungen (Zuordnungen, Voraussetzungen) stellen allgemein betrachtet keine festen Größen dar. In Abhängigkeit von einer konkreten Fertigungsaufgabe aus dem Bereich des Klebens können sie variieren. Diese Variationsmöglichkeiten werden im folgenden näher betrachtet:

1. Variation der Aufgabenstellung (Abb. 5-5)

2. Variation der Randbedingungen (Abb. 5-6)

Die Variation der Aufgabenstellung führt zu unterschiedlichen Ausprägungen der Raupenbahn und des Aussehens der Raupe (vgl. Abschn. 3.2.). Die unterschiedlichen Ausprägungen der Raupenbahn resultieren aus den Bewegungsanweisungen des Klebe-

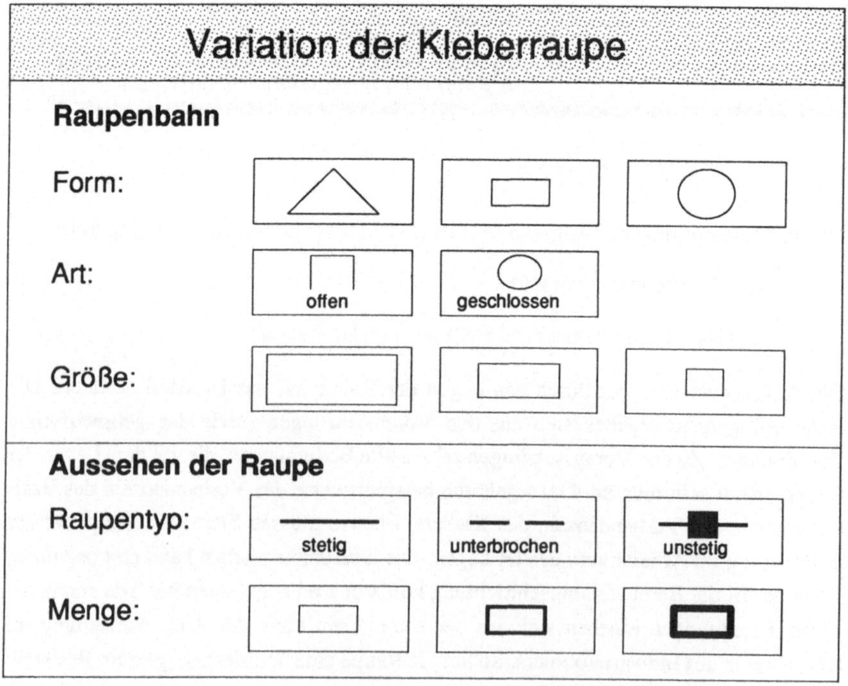

Variation der Kleberraupe
Raupenbahn
Form:
Art:
offen
geschlossen
Größe:
Aussehen der Raupe
Raupentyp:
stetig
unterbrochen
unstetig
Menge:

Abb. 5-5: Variation der Aufgabenstellung (Auftrag der Kleberraupe)

programmes. Die Bahn kann dabei geschlossen oder offen sein. Ein drittes Merkmal stellt die Größe bzw. die Bahnlänge der Raupe dar. Das Aussehen der Raupe kann nach dem Raupentyp und der Klebermenge unterschieden werden. Je nach Raupentyp ergeben sich stetige und unstetige Verläufe, die unabhängig davon auch unterbrochen werden können. Die Klebermenge findet ihren Niederschlag in der Größe des Raupendurchmessers.

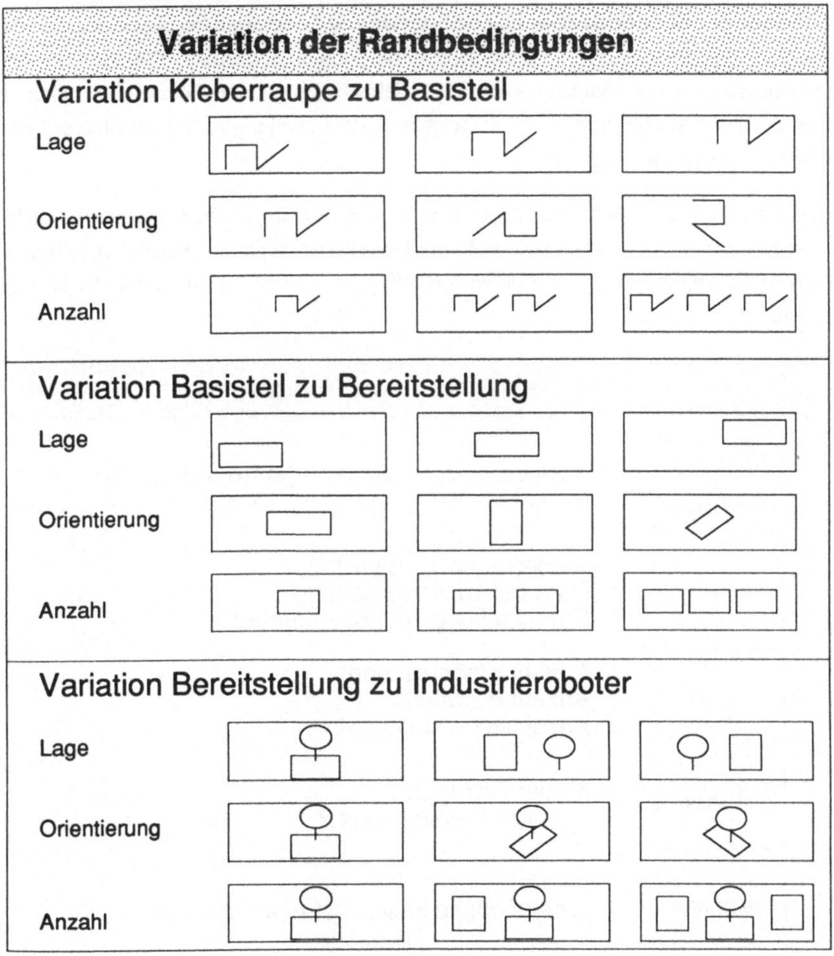

Variation der Randbedingungen

Variation Kleberraupe zu Basisteil

Lage

Orientierung

Anzahl

Variation Basisteil zu Bereitstellung

Lage

Orientierung

Anzahl

Variation Bereitstellung zu Industrieroboter

Lage

Orientierung

Anzahl

Abb. 5-6: Variation der Randbedingungen

Die Variationsmöglichkeiten der Randbedingungen sind für die drei Zuordnungen (Raupe-Basisteil, Basisteil-Bereitstellung, Bereitstellung-IR) identisch. Neben der Variation der Lage und der Variation der Orientierung kann zusätzlich auch die Anzahl verändert werden. So können beispielsweise mehrere Kleberraupen pro Basisteil gelegt werden. In ähnlicher Weise sind auch mehrere Basisteile pro Bereitstellung bzw. mehrere Bereitstellungen pro IR denkbar. Der Fall, daß mehrere IR's auf eine Bereitstellungsstation zugreifen, hat für die hier geführte Betrachtung keine Bedeutung. Die Struktur des Klebeprogrammes ist unabhängig vom IR. Vielmehr kann ein und dasselbe Programm unter gewissen Modifikationen (z. B. Beziehung Bereitstellung zu IR) von unterschiedlichen IR's ausgeführt werden.

Eine Variation der Voraussetzungen kann analog zur obigen Vorgehensweise nicht vorgenommen werden, da es sich nicht um Gestaltungsmerkmale handelt. Hier liegen logische Bedingungen vor, die entweder erfüllt oder nicht erfüllt sind (z.B. ist das Basisteil bereitgestellt ?).

Teilfunktionen des Klebeprogrammes	
BEWEGEN & AUSSEHEN	Bewegungsanweisungen (Form, Art, Größe) Aussehen der Raupe (Typ, Menge)
POSITION	Kleberraupe zu Basisteil Basisteil zu Bereitstellung Bereitstellung zu Industrieroboter
ANZAHL	Anzahl Kleberraupen Anzahl Basisteile AnzahlBereitstellungen
PRÜFEN	Kleber vorhanden ? Basisteil bereitgestellt ?
HINFÜHREN	Bereitstellung kollisionsfrei anfahren

Abb. 5-7: Die Teilfunktionen des Klebeprogrammes

Aus den Variationen lassen sich die Teilfunktionen des Klebeprogrammes ableiten (Abb. 5-7). Eine Teilfunktion ergibt sich aus der Aufgabenstellung. Sie beinhaltet alle Anweisungen über die Raupenbahn (Form, Art, Größe) und die RaupenAUSSEHEN (Typ, Klebermenge). Diese Teilfunktion wird im folgenden BEWEGEN & AUSSEHEN genannt. Aus der Variation der Randbedingungen ergeben sich die vier Teilfunktionen POSITION, ANZAHL, PRÜFEN und HINFÜHREN. Die Teilfunktion POSITION faßt die räumlichen Zuordnungen zusammen. Sie ist ihrerseits in die drei Positionszuordnungen Raupe-Basisteil, Basisteil-Bereitstellung und Bereitstellung-IR unterteilbar. Die Teilfunktion ANZAHL bringt die Häufigkeit von Kleberraupen, Basisteilen oder Bereitstellungen zum Ausdruck. Die Voraussetzungen zur Aufgabenstellung finden in den Teilfunktionen PRÜFEN und HINFÜHREN ihren Niederschlag. Aus dem Zusammenspiel dieser Teilfunktionen kann im nächsten Schritt die Funktionsstruktur eines vollständigen Klebeprogrammes hergeleitet werden.

5.4. Funktionsstruktur des vollständigen Klebeprogrammes

Die Teilfunktionen PRÜFEN und HINFÜHREN sind übergeordnete Funktionen. Sie beinhalten die Voraussetzungen zur Aufgabendurchführung. Die Teilfunktion ANZAHL kann als ein Variationsmerkmal der Teilfunktionen POSITION sowie BEWEGEN & AUSSEHEN aufgefaßt werden. Den Aufgabenkern beschreiben die Teilfunktionen POSITION sowie BEWEGEN & AUSSEHEN. Aus diesem Grund sollen diese beiden Teilfunktionen näher betrachtet werden. Die Festlegung der Funktionsstruktur zwischen diesen Teilfunktionen geschieht derart, daß die Teilfunktion POSITION der Teilfunktion BEWEGEN & AUSSEHEN vorausgeht. Der IR fährt zunächst zur Bereitstellungseinrichtung (POSITION), um dort die Kleberraupe (BEWEGEN & AUSSEHEN) zu legen. Die Wirkung der Teilfunktion ANZAHL auf diese Basisstruktur wird im folgenden betrachtet (Abb. 5-8).

In der Abbildung sind vier Fälle dargestellt. Sie zeigen die unterschiedlichen Auswirkungen der Teilfunktion ANZAHL. Zu jedem Fall wird ein Beispiel angeführt, das die Auswirkungen der Teilfunktion ANZAHL anhand eines Prinziplayoutes verdeutlicht. Die in der Abbildung aufgenommenen Fälle stellen alle theoretisch durchführbaren Kombinationen dar. Vor dem Hintergrund einer anzustrebenden Lösungsvielfalt sollen an dieser Stelle noch keine Einschränkungen unternommen werden. Der erste aufgezeigte Fall stellt die Ausgangssituation dar. Im Arbeitsraum des IR befindet sich analog zum

Fallbeispiel eine einzige Bereitstellungseinrichtung. Im Fall zwei nimmt die Anzahl der Teilfunktion POSITION zu, während die Teilfunktion BEWEGEN & AUSSEHEN unberührt bleibt. Das Prinziplayout zeigt mehrere Bereitstellungseinrichtungen im Arbeitsraum des IR. Der Fall drei stellt die Umkehrung von Fall zwei dar. Bei konstanter Anzahl eins der Teilfunktion POSITION wird die Anzahl der Teilfunktion BEWEGEN & AUSSEHEN erhöht. So können beispielsweise mehrere Aufgabenstellungen, die symbolisch Kreis, Rechteck oder Dreieck heißen, auf einer Bereitstellung abwechselnd bearbeitet werden. Die gleichzeitige Zunahme der Anzahl der Teilfunktionen POSITION und BEWEGEN & AUSSEHEN ergibt den Fall vier. An unterschiedlichen Positionen im Arbeitsraum können unterschiedliche oder gleiche Aufgabenstellungen durchgeführt werden. Pro Position sind dabei mehrere unterschiedliche Aufgabenstellungen möglich.

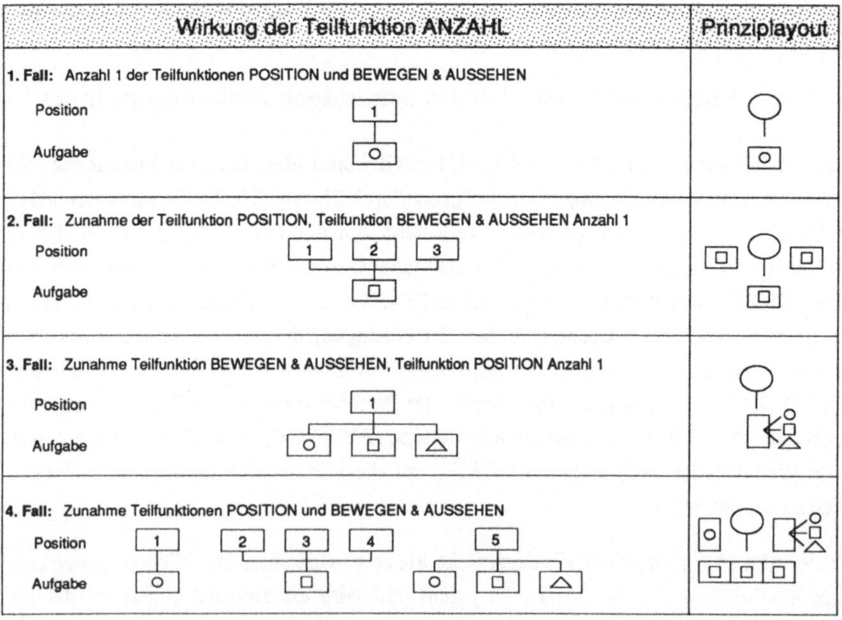

Wirkung der Teilfunktion ANZAHL	Prinziplayout
1. Fall: Anzahl 1 der Teilfunktionen POSITION und BEWEGEN & AUSSEHEN Position 1 Aufgabe	
2. Fall: Zunahme der Teilfunktion POSITION, Teilfunktion BEWEGEN & AUSSEHEN Anzahl 1 Position 1 2 3 Aufgabe	
3. Fall: Zunahme Teilfunktion BEWEGEN & AUSSEHEN, Teilfunktion POSITION Anzahl 1 Position 1 Aufgabe	
4. Fall: Zunahme Teilfunktionen POSITION und BEWEGEN & AUSSEHEN Position 1 2 3 4 5 Aufgabe	

Abb. 5-8: Wirkung der Teilfunktion ANZAHL auf die Basisstruktur

Die dargestellten Funktionsstrukturen spiegeln den Einfluß der Teilfunktion ANZAHL auf die Basisstruktur wider. Aus der Vielzahl der Ausprägungsformen kann eine allgemeine Darstellungsform entwickelt werden. Der aufgezeigte Fall vier stellt dazu die

Ausgangsbasis dar. Die Teilfunktion POSITION beschreibt die Lage und Orientierung der Aufgabenstellung im Arbeitsraum. Sie ist damit fallspezifisch zu bestimmen. Die pro örtlicher Lage stattfindende Aufgabenstellung kann unabhängig davon nach Anzahl und Art variieren. Aus den Funktionsstrukturen des Falles vier kann nun die Struktur des kompletten Klebeprogrammes hergeleitet werden. Dazu werden die Teilfunktionen weiter in ihre Unterfunktionen zergliedert (vgl. Abb. 5-7). Die Teilfunktion POSITION läßt sich in die drei Zuordnungen Raupe-Basisteil, Basisteil-Bereitstellung und Bereitstellung-IR zerlegen (Abb. 5-9). Betrachtet man zunächst nur exemplarisch ein Basisteil pro Bereitstellung, so können auf diesem wiederum mehrere Raupen gelegt sein. Für weitere Basisteile gilt der gleiche Zusammenhang.

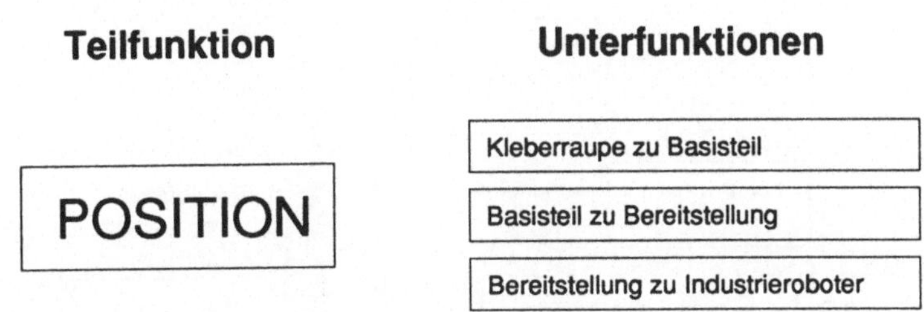

Abb. 5-9: Unterfunktionen der Teilfunktion POSITION

Die Untergliederung der Teilfunktion BEWEGEN & AUSSEHEN führt zu den Unterfunktionen Bewegungsbahn, Klebermenge und Raupentyp (Abb. 5-10). Die Unterfunktion Bewegungsbahn steht für alle kinematischen Ausprägungen der Raupenbahn. Dazu gehören beliebige geometrische Formen, die geschlossen oder offen sein können. Die Unterfunktion Klebermenge läßt sich beispielsweise im Raupendurchmesser, der Gesamtmenge pro Raupe oder in der spezifischen Größe Volumen/Länge ausdrücken.

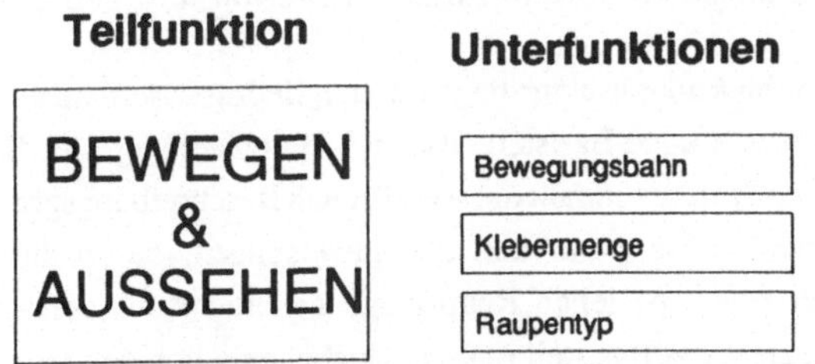

Abb. 5-10: Unterfunktionen der Teilfunktion BEWEGEN & AUSSEHEN

Die Wirkung der Unterfunktion Raupentyp zeigt sich in stetigen und unstetigen Raupenausprägungen. Die dynamischen Einflüsse kommen bei dieser Teilfunktion zum Tragen (vgl. Abschn. 3.2., Abb. 3-6).

Die Integration aller Unterfunktionen in die Basisstruktur des Falles vier (vgl. Abb. 5-8) ergibt die komplette Funktionsstruktur eines Klebeprogrammes (Abb. 5-11).

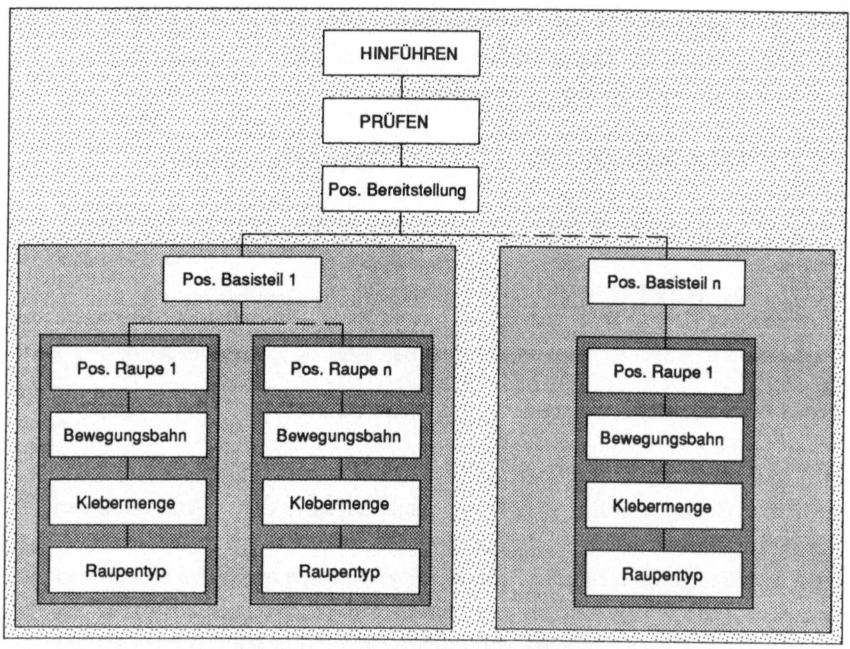

Abb. 5-11: Die komplette Funktionsstruktur eines vollständigen Klebeprogrammes

Dieser kompletten Funktionsstruktur liegt ein dreigliedriger Aufbau zugrunde, der sich aus den Zuordnungen Raupe-Basisteil, Basisteil-Bereitstellung und Bereitstellung-IR ableitet. Die kleinste Struktur umfaßt die spezifischen Beschreibungsgrößen der Raupenbahn. Dazu gehören der Startpunkt und alle Anweisungen, die für die Bewegungbahn und das Aussehen einer speziellen Raupenlage verantwortlich zeichnen. Die nächst höhere Struktur bezieht das Basisteil mit ein. Unabhängig von der geometrischen Form des Basisteils kann dessen Position mit der Lage des Werkstückkoordiatensystems beschrieben werden. Auf dieses Werkstückkoordiatensystem beziehen sich die jeweiligen Raupen. Die höchste Struktur beinhaltet die bereitstellungsbezogenen Daten. Dazu gehören das Referenzsystem der Bereitstellungseinrichtung, der Anfahrpunkt sowie die logischen Abfragen und Entscheidungen vor dem Aufgabenbeginn.

5.5. Elementearten des modularen Programmbaukastens

Auf der Grundlage der oben beschriebenen Dreigliedrigkeit läßt sich die komplette Funktionsstruktur in eine abstrakte Darstellungsform überführen (Abb. 5-12). Es entstehen zunächst drei Elemente. Das an oberster Stelle stehende Element wird bereitstellungsbezogenes Programmgerüst genannt. Hier befinden sich alle Daten, die die jeweilige Bereitstellungseinrichtung charakterisieren. In dieses Gerüst können beliebige, teilespezifische Klebemodule integriert werden. Das teilespezifische Klebemodul ist auf die Komplettbearbeitung (Kleberauftrag) eines bestimmen Basisteiles ausgerichtet. Die pro Teil zu legenden Raupenbahnen sind wiederum eigene Elemente. Diese Elemente stellen Prozeßmakros dar. Typische Prozeßmakros sind beispielsweise kreisförmige, rechteckige oder dreieckige Raupenbahnen, die offen oder geschlossenen sein können.

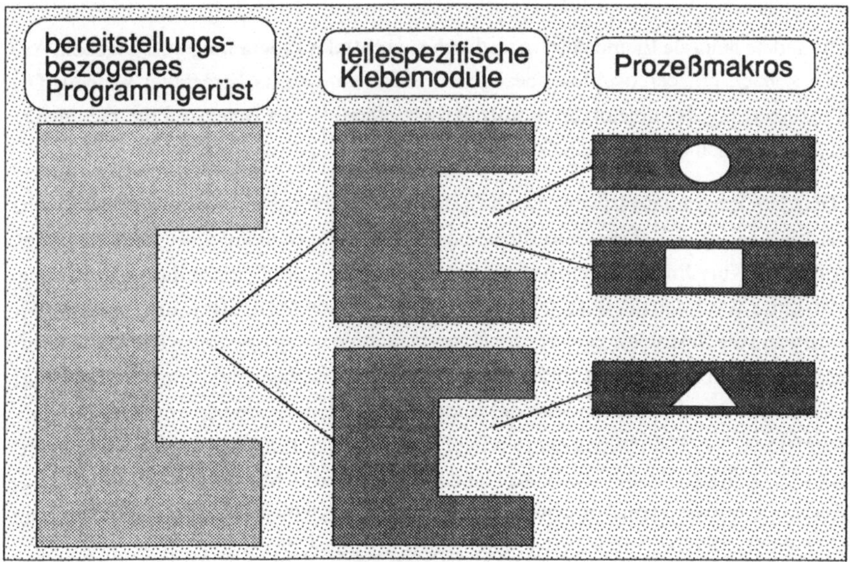

Abb. 5-12: Abstrakte Darstellungsform der dreigliedrigen Funktionsstruktur

Die Kombination und Verbindung der drei Elemente führt zu einem kompletten Klebeprogramm. Die drei dargestellten Elemente besitzen jeweils schon einen bestimmten Spezialisierungsgrad. So beschreibt jedes Prozeßmakro bereits eine definierte Raupenbahn und AUSSEHEN. Die beiden anderen Elemente sind auf eine spezielles Teil bzw. auf eine spezielle Bereitstellungseinrichtung ausgerichtet. Mit diesen anwendungsspezifischen Elementen kann nur begrenzt auf sich ändernde Aufgabenstellungen reagiert werden. Zur Vermeidung dieses Defizites benötigt der modulare Programmbaukasten daher noch anwendungsneutrale Elemente. Mit Hilfe der anwendungsneutralen Elemente müssen einerseits beliebige Prozeßmakros erstellbar sein. Andererseits darf das Klebeprogramm nicht nur für eine spezielle Bereitstellungseinrichtung bzw. ein spezielles Teil Gültigkeit besitzen.

Die Entwicklung beliebiger Prozeßmakros kann mit Hilfe der in Abschn. 4. entwickelten, anwendungsneutralen Prozeßbausteine unternommen werden. Durch die serielle Kombination der einzelnen Prozeßbausteine werden anwendungsspezifische Raupenbahnen (Prozeßmakros) erzeugt. Mit diesen Prozeßbausteinen existiert somit bereits eine neutrale Elementeform.

Die andere neutrale Elementeform ist durch ein neutrales Programmgerüst gegeben. Aus ihm können die bereitstellungsbezogenen Programmgerüste hergeleitet werden. Die Voraussetzung dazu bietet das Vorhandensein einer offenen Datenstruktur, die anwendungsspezifisch belegt werden kann (Abb. 5-13).

Nach dem Programmstart wird der Definitionsteil des Programmes durchlaufen. Hier ist beispielsweise das Referenzkoordinatensystem der Bereitstellungseinrichtung abgelegt. Auf dieses Koordinatensystem bezieht sich der Startpunkt der Bereitstellungseinrichtung. Von ihm aus werden die Bearbeitungsaufgaben angefahren. Dies ist jedoch nur dann der Fall, wenn die Signalabfragen aus der Kommunikation mit den externen Partnern geprüft und als korrekt ausgewertet sind. Das teilespezifische Klebemodul kann nun ausgeführt werden. Im Anschluß daran wird der Endpunkt, der dem Startpunkt entsprechen kann, angefahren. Nach Mitteilung der durchgeführten Tätigkeit an die Kommunikationspartner (z.B. Bereitstellungseinrichtung) ist der Programmdurchlauf beendet. In Abhängigkeit von der konkreten Aufgabenstellung bzw. Bereitstellungseinrichtung können nun die Funktionsblöcke mit den jeweiligen Daten belegt werden.

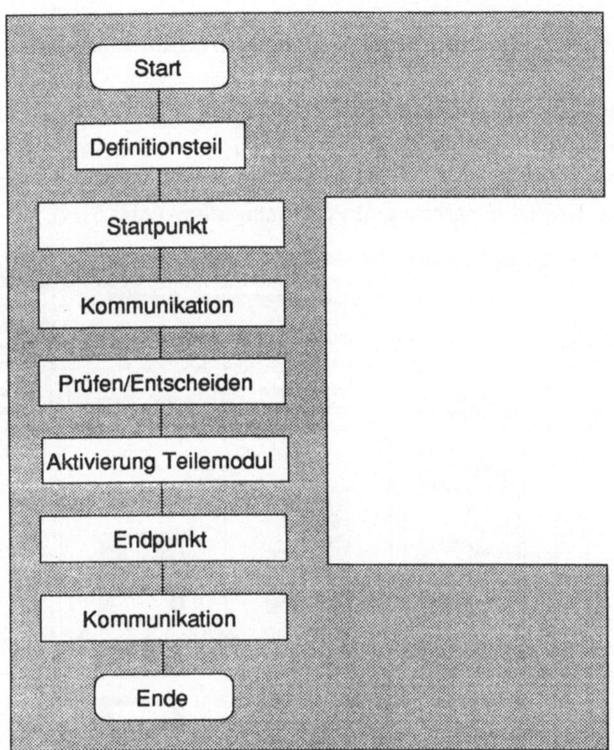

Abb. 5-13: Neutrales Programmgerüst

Für die teilespezifischen Klebemodule wird keine neutrale Form benötigt. Das teilespezifische Klebemodul entsteht unmittelbar aus dem Prozeßmakro durch die geometrische Lagezuordnung der Koordinatensysteme des Basisteils und der Raupenlage (s. Abschn. 6.2.2., Abb. 6-18).

5.6. Aufbau des modularen Programmbaukastens

Der vollständige modulare Programmbaukasten besteht somit aus den neutralen Elementen (Prozeßbausteine, neutrales Programmgerüst) sowie den daraus entwickelbaren spezialisierten, anwendungsspezifischen Elementen (Prozeßmakros, teilespezifische Klebemodule, bereitstellungsbezogene Programmgerüste) (Abb. 5-14).

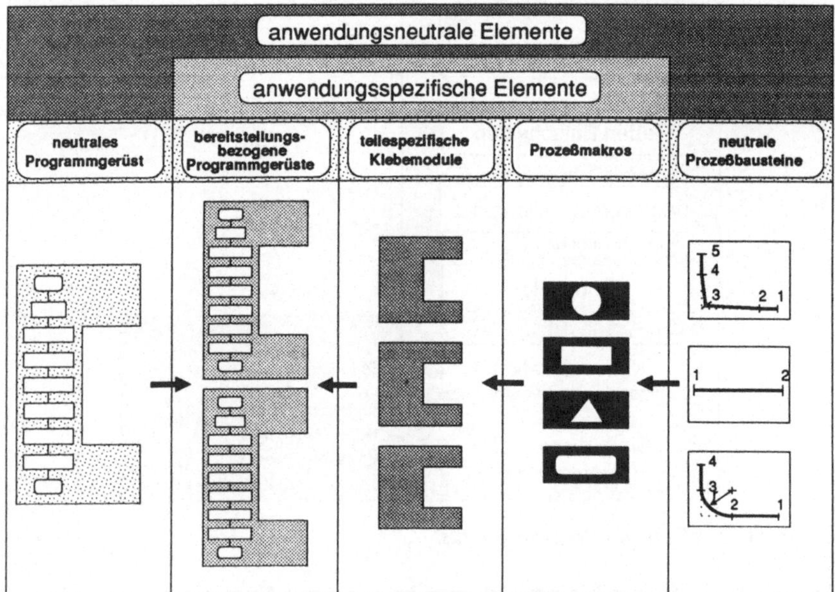

Abb. 5-14: Prinzipieller Aufbau des modularen Programmbaukastens

Mit Hilfe dieses Programmbaukastens können nun Klebeprogramme für spezielle Einsatzfälle erstellt werden. Nach der Klärung der Aufgabenstellung überprüft der Programmentwickler zunächst, ob ein verwendbares Element im Programmbaukasten vorhanden ist. Dieses Element kann entweder direkt übernommen oder durch leichte Modifikationen angepaßt werden. Sollte dies nicht der Fall sein, so erstellt der Programmentwickler aus den Prozeßbausteinen ein seiner Aufgabenstellung entsprechendes Prozeßmakro. Dieses Prozeßmakro wird unabhängig von der weiteren Vorgehensweise als neues Element im Baukasten aufgenommen. Das teilespezifische Klebemodul entsteht durch die geometrische Zuordnung des Startpunktes der Kleberraupe (bzw. der Startpunkte mehrerer Kleberraupen) zum Ursprungskoordinatensystem des Basisteiles. Damit existiert eine weiteres, neues Baukastenelement. Im letzten Schritt integriert der Programmierer das teilespezifische Klebemodul in das Programmgerüst. Handelt es sich bei dem Klebeprogramm beispielsweise um eine neue Variante, so kann der Programmierer auf ein bereits vorhandenes bereitstellungsbezogenes Programmgerüst zurückgreifen. Bei Neuentwicklungen werden die speziellen Daten in das neutrale Programmgerüst eingetragen. Dieses neue bereitstellungsbezogene Programmgerüst wird ebenso als Element im Baukasten aufgenommen.

So enstehen mit der Zeit eine Vielzahl von unterschiedlichen Elementen. Bei Programmneuentwicklungen dienen die neutralen Elemente als Ausgangsbasis. In den anderen Fällen kann durch Synthese bereits vorhandener Elemente ein neues vollständiges Klebeprogramm erstellt werden. Entscheidend ist die Tatsache, daß unabhängig von der konkreten Aufgabenstellung immer auf bereits vorhandene Elemente zurückgegeriffen werden kann. Diese Elemente sind erprobt und können dadurch schnell und sicher in das zu erstellende Programm integriert werden.

Auf unterschiedliche Aufgabenstellungen aus dem Bereich des Klebeauftragens mit Industrieroboter kann nun mit Hilfe des modularen Programmbaukastens flexibel reagiert werden. Die Flexibilität des modularen Programmbaukastens führt zu kurzen Programmentwicklungszeiten. Ebenso gewährleistet die umfassende Entwicklung und Dokumentation der Prozeßbausteine eine hohe Prozeßsicherheit. Dies schlägt sich einerseits in kurzen Inbetriebnahmezeiten sowie andererseits in hohen Prozeßverfügbarkeiten während der Produktion nieder.

Am Beispiel einer konkreten Aufgabenstellung wird im nachfolgenden Abschnitt die Anwendbarkeit des modularen Programmbaukastens aufgezeigt.

6. Anwendung des modularen Programmbaukastens am Beispiel einer Fertigungsaufgabe

6.1. Beschreibung des Fertigungsbeispiels

6.1.1. Aufgabenstellung

Das ausgesuchte Fertigungsbeispiel stammt aus dem Bereich der Hausgeräteindustrie. Die konkrete Aufgabenstellung stellt die Fertigung von Glaskeramik-Kochmulden dar. In der Fertigungszelle werden ein metallischer Rahmen mit einer Keramikscheibe verklebt (Abb. 6-1).

Abb. 6-1: Fertigungs- und Montagezelle für Glaskeramik-Kochmulden

Die Montageteile Rahmen und Keramikscheibe gelangen über zwei getrennte Beschikkungseinrichtungen in den Arbeitsbereich des Roboters, wo sie zentriert bereitgestellt werden (Abb. 6-2). Nach dem Legen der Unterraupe in den Rahmen entnimmt der IR die Keramikscheibe der Zentriereinrichtung. Anschließend wird die Scheibe in den Rahmen

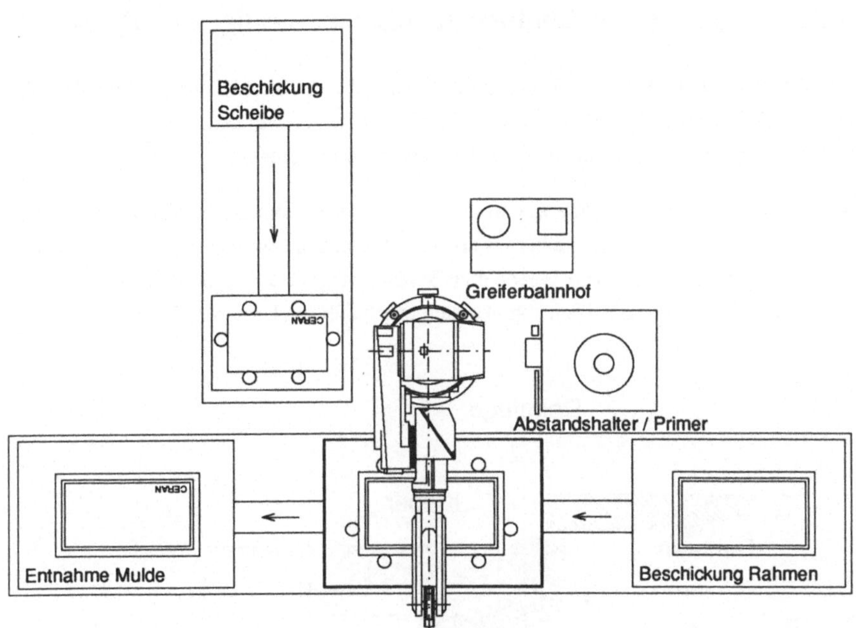

Abb. 6-2: Layout des Fertigungsbeispiels Klebezelle für Keramik-Kochmulden

eingelegt. Der durch die Scheibe verdrängte Kleber steigt in der Dehnfuge zwischen Scheibe und Rahmen auf. Zum Abschluß wird zur völligen Umschließung der Keramikscheibe noch eine Oberraupe aufgetragen, die ihrerseits mit der Unterraupe vernetzen muß. Die so verklebte Einheit aus Rahmen und Keramikscheibe verläßt die Zelle zu weiteren Fertigungs- und Montageschritten. Die Taktzeit beträgt 40 Sekunden . Die Kleberpistole sowie der Effektor zum Greifen der Scheibe sind am Roboter installiert. Als Klebematerial kommt ein 1K-Silikonkleber zum Einsatz.

Für diese konkrete Fertigungsaufgabe soll ein vollständiges Klebeprogramm erstellt werden. Nach der Klärung der Randbedingungen der konkreten Aufgabenstellung sind aus den anwendungsneutralen Elementen des modularen Programmbaukastens die anwendungsspezifischen Elemente zu entwickeln. Aus diesen anwendungsspezifischen Elementen kann das vollständige Klebeprogramm gebildet und eingesetzt werden.

6.1.2. Klärung der Randbedingungen der Fertigungsaufgabe

Auf die Besonderheiten, die für die gestellte Aufgabe des Verklebens der Scheibe mit dem Rahmen wesentlich sind, soll hier näher eingegangen werden. Die nachfolgenden Betrachtungen werden am Beispiel der Unterraupe unternommen.

Nach dem Einbringen des Klebers in die geschlossene Rahmenkonstruktion wird die Scheibe zentrisch eingelegt und bis auf ein über Abstandshalter eingestelltes Maß in den Kleber eingetaucht (Abb. 6-3). Neben dem Benetzungsgrad der Kleberflächen hängt das erfolgreiche Verkleben der Teile vom Aufsteigeverhalten der Unterraupe in der Dehnfuge ab.

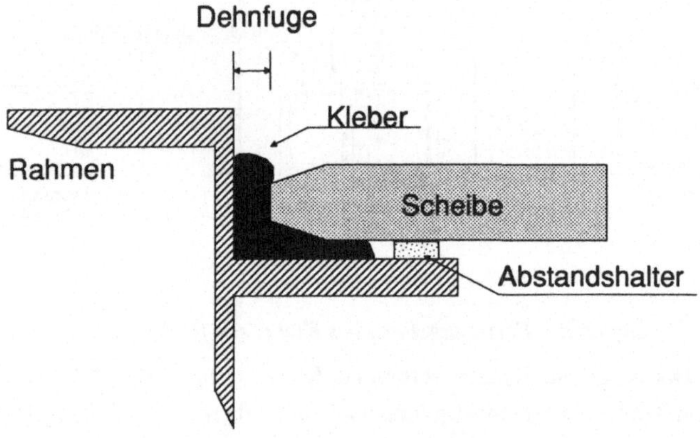

Abb. 6-3: Aufsteigen des Klebers in der Dehnfuge

Diese muß nach erfolgter Scheibenmontage mit der nachfolgend aufzutragenden Oberraupe vollständig vernetzen. Das Aufsteigeverhalten wird im wesentlichen von drei Parametern beeinflußt (Abb. 6-4):

- Materialmenge
- Dehnfugenbreite und
- Auftragwinkel

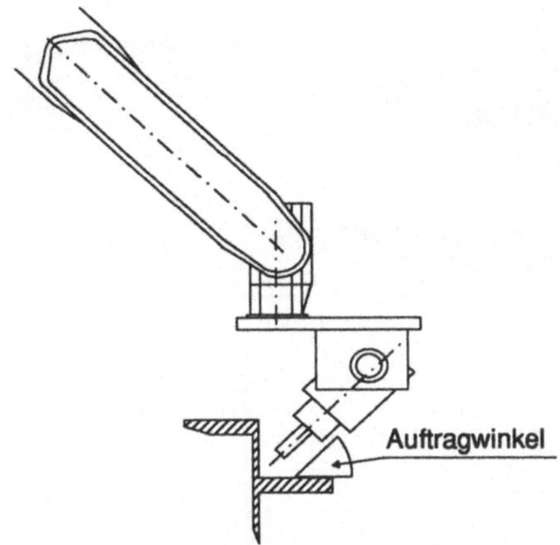

Abb. 6-4: Darstellung des Auftragwinkels und der zugehörigen Düsenstellung

Die Materialmenge drückt sich im Flächenquerschnitt der Raupe aus. Er wird bestimmt durch das ausgebrachte Klebervolumen pro Längeneinheit. Die Dehnfugenbreite ergibt sich aus dem Spalt, der zwischen Scheibe und Rahmen nach der Montage verbleibt. Der dritte Parameter resultiert aus der Düsenstellung beim Kleberauftrag. Der die Düsenstellung beschreibende Austragwinkel kann Werte zwischen 0 und 90 Grad annehemen. Ein Auftragwinkel von 90 Grad entspricht einer senkrechten Düsenstellung in Relation zum Rahmengrund.

Gute Ergebnisse erzielt man, wenn die Unterraupe bis zur Scheibenfase aufsteigt (Abb. 6-5). Der Auftrag der Oberraupe kommt dann einem Versiegeln der Fase gleich. Bei schlechter Fugenfüllung können Unter- und Oberraupe nicht vernetzen. Dies führt zu Abrissen und damit zur Funktionsuntauglichkeit der Kochmulde. Bei überproportionaler Klebereinbringung steht nicht die Funktionalität im Vordergrund, sondern eher der hohe Aufwand an Nacharbeit. Die eng an der Dehnfuge vorbeigeführte Düse pflügt durch das überstehende Klebermaterial. Bei gleichzeitiger Ausbringung treten starke Verunreinigungen durch den Kleber an den Scheiben und den Rahmen auf. Die Teile müssen infolge dessen gereinigt werden. Bei optimaler Fugenfüllung kann die Oberraupe mit einem sehr geringen Abstand zu Scheibe und Rahmenwand verlegt werden. Es stellt sich eine gute Vernetzung zwischen Unter- und Oberraupe ein. Die Scheibenfase wird komplett bedeckt. Der geringe Kleberüberstand führt zu einem sauberen Klebebild.

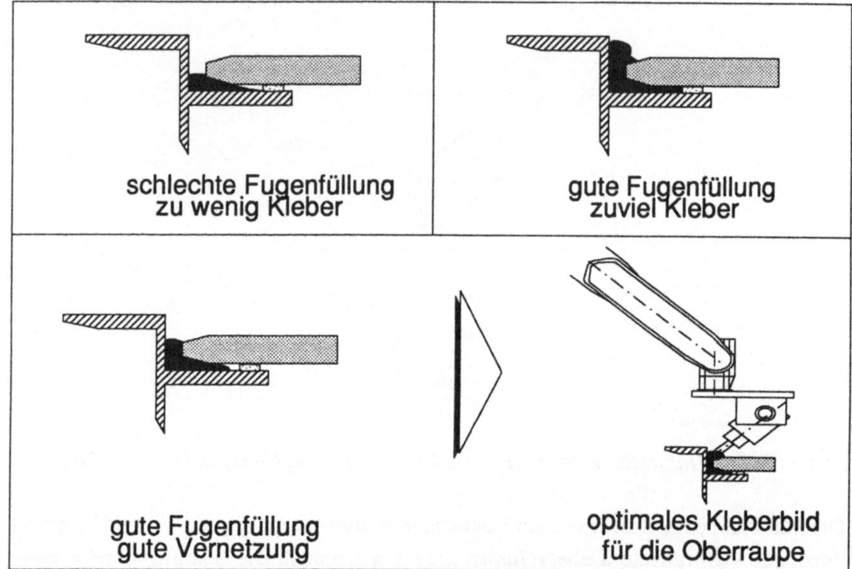

Abb. 6-5: Beurteilung des Aufsteigens der Unterraupe in der Dehnfuge

Die Dehnfugenbreite ergibt sich unmittelbar aus den konstruktiven Daten des Rahmens und der Scheibe. Sie stellt die Ausgangsgröße dar, so daß in Abhängigkeit von ihr die Werte der Materialmenge und des Auftragwinkels zu ermitteln sind. Aus den Zeichnungsvorgaben und den dort festgelegten Toleranzfeldern können sich konstruktiv Dehnfugenbreiten von 0,5 mm bis 3 mm einstellen. Eine statistische Auswertung von Meßreihen an den Fertigteilen ergab ein mittleres Dehnfugenmaß von 2 mm bei einer Standardabweichung von 1 mm.

Zur Untersuchung des Aufsteigeverhaltens wird eine spezielle Meßeinrichtung verwendet (Abb. 6-6). Sie simuliert das Einlegen der Keramik-Scheibe in den Rahmen, indem eine der Scheibengeometrie nachgebildete Teflonplatte senkrecht nach unten bewegt wird. Der Abstand zwischen Wand und Platte kann in Schritten von 0,5 mm variiert werden, während die Eintauchtiefe einen Festwert darstellt.

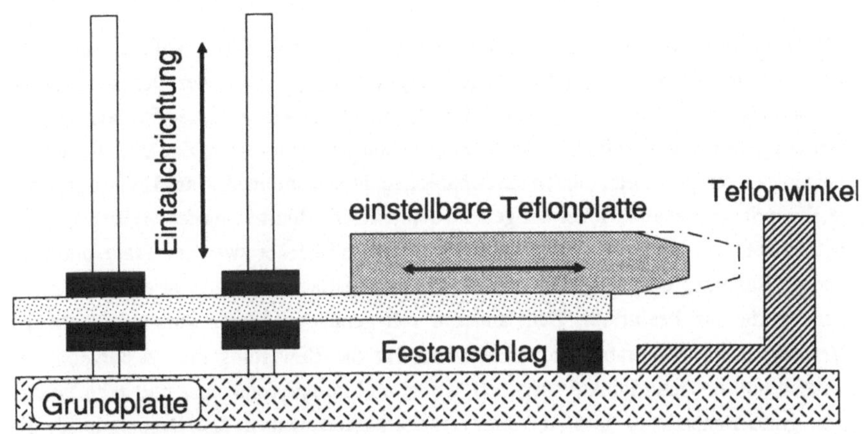

Abb. 6-6: *Meßeinrichtung zur Analyse des Aufsteigeverhaltens des Klebers in der Dehnfuge*

Der Kleber wird manuell in den Winkel, der den Rahmen ersetzt, eingebracht. Mit speziellen Schablonen folgt ein Glattstreichen des Klebers in der Kante des Winkels. Die Ecken der Schablonen besitzen winklige Anfräsungen, so daß unterschiedliche Auftragwinkel von 30,45 und 60 Grad sowie zusätzlich verschiedene Raupenquerschnitte nachgebildet werden können (Abb. 6-7).

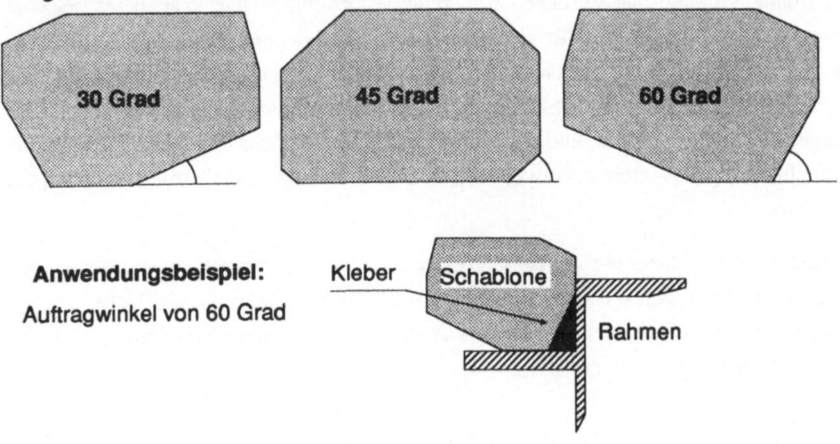

Abb. 6-7: *Schablonengestaltung zum Herstellen der Raupengestalt und -größe*

Mit Hilfe dieser Meßapparatur soll der Einfluß der Dehnfugenbreite auf das Aufsteigeverhalten des Klebers in der Dehnfuge analysiert werden. Über der Dehnfugenbreite werden die Parameter Auftragwinkel und Klebermenge variiert. Die Veränderung der Dehnfugenbreite wird mit Hilfe der Meßeinrichtung vorgenommen. Zur Variationen der beiden anderen Parameter dienen die Schablonen. Jede Kombination aus Dehnfugenbreite, Einspritzwinkel und Klebermenge wird beurteilt. Die Beurteilung des Meßergebnisses basiert auf zwei Kriterien. Zum einen muß genügend Kleber zwischen Platte und dem ebenen Rahmengrund verbleiben, da die Benetzungsfläche unmittelbar die Haltbarkeit der Verklebung beeinflußt. Zum anderen soll genügend Kleber aufsteigen, um die Vernetzung zur Oberraupe sicherzustellen. Für die Bewertung des Meßergebnisses werden null bis zehn Punkte vergeben, wobei null Punkte schlechtes und zehn Punkte sehr gutes Benetzungs- und Aufsteigeverhalten kennzeichnen. Die Grenzlinie für die Bereiche geeignet und ungeeignet ist in der Mitte bei fünf Bewertungspunkten festgelegt worden. Die Klebermenge wird in der spezifischen Einheit [ccm/m] angegeben. Die Meßergebnisse sind in Abbildung 6-8 dargestellt.

Die Versuchsergebnisse zeigen den 60 Grad-Auftragwinkel als eine ungeeignete Klebereinbringung in den Rahmen. Die beiden anderen Auftragwinkel sind prinzipiell beide geeignet. Bei der 30 Grad-Einbringung fällt der starke degressive Verlauf oberhalb einer Dehnfugenbreite von 1,5 mm auf. Legt man die mittlere Dehnfugenbreite von 2 mm zugrunde, so kann das Verhalten bei breiteren Dehnfugen sehr schnell ins negative umschlagen. Dagegen verhält sich die 45 Grad-Einbringung durch ihren weicheren Kurvenverlauf neutraler und ist damit besser geeignet. Negativ fällt allerdings die hohe Klebermenge auf, die im Verhältnis zur 30 Grad-Einbringung benötigt wird. Unter den gegebenen konstruktiven und fertigungstechnischen Randbedingungen fällt für die Durchführung der Automatisierungsaufgabe die Wahl auf eine 45 Grad-Einbringung des Klebers.

Ferner muß der Kleber in einem geschlossenen Umlauf eingebracht werden. Fertigungstechnisch ergibt sich die Forderung nach einer waagerechten Arbeitsfläche, um ein ungleichmäßiges Verlaufen des Klebers zu vermeiden sowie ein Wandern der Scheibe in der Kleberraupe zu unterbinden.

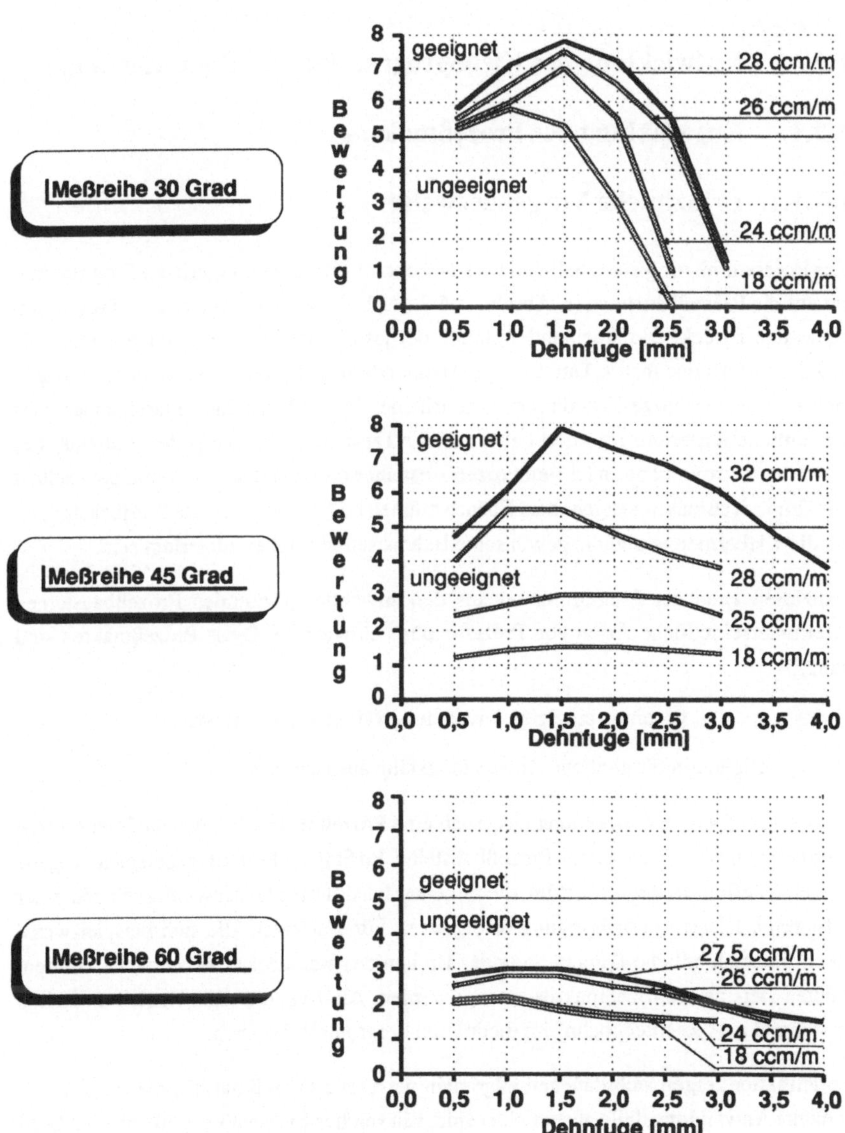

Abb. 6-8: Darstellung der Versuchsergebnisse für unterschiedliche Auftragswinkel und diverse Volumina

6.2. Entwicklung des Klebeprogrammes für die Unterraupe

6.2.1. Entwicklung des Prozeßmakros

6.2.1.1. Prinzipielle Vorgehensweise

Zur Programmierung eines beliebig vorgegebenen Verfahrweges greift der Programmierer auf die Prozeßbausteine (s. Abschn. 4.5.2., Abb. 4-32) seines modularen Programmbaukasten zurück. Die Aneinanderreihung der jeweiligen Prozeßbausteine erzeugt die gewünschte Raupenbahn. Durch diese Aneinanderreihung der Prozeßbausteine ergibt sich eine gegenseitige Zuordnungsvorschrift der Prozeßbausteine untereinander. Das wesentliche Kriterium resultiert dabei aus der Tatsache, daß jeweils der Endpunkt des einen den Startpunkt des nächsten Prozeßbausteines darstellt. Die Zuordnungsvorschrift wird im Prozeßmakro festgehalten. Ebenso müssen im Prozeßmakro die Wertbelegungen für die Klebermenge und die gewünschte Bahngeschwindigkeit hinterlegt sein.

Prinzipiell kann der Programmierer aus den anwendungsneutralen Prozeßbausteinen zwei unterschiedliche Arten von Prozeßmakros entwickeln. Diese Prozeßmakros sind dann:

- speziell für einen einzigen Anwendungsfall ausgerichtet oder
- allgemein für ähnliche Anwendungsfälle ausgerichtet.

Die speziell für eine Anwendung ausgerichteten Prozeßmakros beruhen auf einer festen Wertbelegung für die einzelnen Prozeßbausteine. Im Fall des Fertigungsbeispieles ergäbe sich eine definierte Rechteckbahn, die mit einer bestimmten Geschwindigkeit und einer definierten Klebestoffausbringung belegt wäre. Für Varianten, die sich beispielsweise durch unterschiedliche Längen und/oder Breiten des Rechteckes auszeichnen würden, müßten stets neue Prozeßmakros erzeugt werden. Als Resultat ergäben sich unzählige Prozeßmakros "Rechteckbahn" im modularen Programmbaukasten.

Vorteilhafter zeigen sich dagegen allgemein gehaltene Prozeßmakros, die variabel für ähnliche Anwendungsfälle ausgerichtet sind. Ein solches Element kann für eine Vielzahl von ähnlichen Aufgabenstellungen eingesetzt werden. Dadurch genügt die Ablage eines einzigen Prozeßmakros im modularen Programmbaukasten, der infolge dessen viel übersichtlicherer bleibt. Wesentlicher ist jedoch die Tatsache, daß mit einem solchen

Element ein flexibles Werkzeug existiert, das schnell und sicher auf ähnliche Aufgabenstellungen adaptiert werden kann. Es muß nicht mehr neu aus den einzelnen Prozeßbausteinen entwickelt werden, sondern stellt ein bereits erprobtes Baukastenelement dar. Dies führt zu einem erheblichen Zeitgewinn, der sich bei der Programmerstellung und insbesondere in der Inbetriebnahmephase einstellt.

Die Voraussetzungen hierfür liegen in einer konsequenten Datenverdichtung auf die wesentlichen charakteristischen Kenngrößen der Aufgabenstellung. Für das Prozeßmakro "Rechteckbahn" ergeben sich diese charakteristischen Kenngrößen aus:

- der Länge des Rechteckes,
- der Breite des Rechteckes,
- der Klebermenge und
- der Bahngeschwindigkeit.

Legt man dem Prozeßmakro die dreigliedrige Struktur aus Eingabeteil, Algorithmusteil und Ausführungsteil der Prozeßbausteine zugrunde (s. Abschn. 4.5.1., Abb. 4-30), so stellen die charakteristischen Kenngrößen die Variablen des Eingabeteil dar (Abb. 6-9).

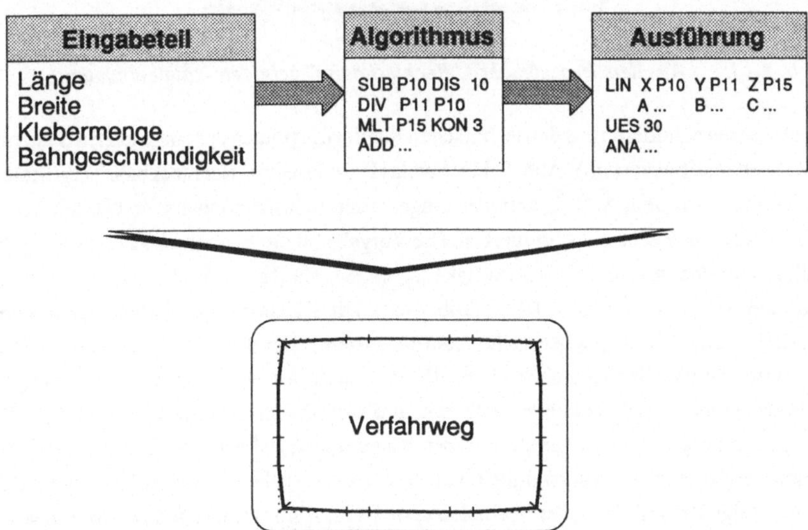

Abb. 6-9: Dreigliedriger Aufbau eines Prozeßmakros

Die Aufbereitung der Eingabedaten vollzieht der Algorithmusteil. Der Ausführungsteil des Prozeßmakros setzt die berechneten Werte in die Verfahr- und Qualitätsanweisungen für die Rechteckbahn um.

Der modulare Programmbaukasten erhält mit dem Prozeßmakro "Rechteckbahn" ein flexibles Element. Dieses Element ist für eine Vielzahl ähnlicher Aufgabenstellungen einsetzbar. Innerhalb definiert vorgebener Grenzen können unterschiedliche rechteckige Raupenbahnen erzeugt werden (Abb. 6-10).

Abb. 6-10: Aus dem Prozeßmakro "Rechteckbahn" gebildete Raupenbahnen

Die Grenzen resultieren aus den technischen Randbedingungen der eingesetzten Systeme (IR, Kleberauftragsystem) (Abb. 6-11). Für das Prozeßmakro "Rechteckbahn" ergibt sich eine Grenze aus dem Arbeitsraum des eingesetzten Industrieroboters, so daß die maximale Größe des Rechteckes limitiert ist. Die Vorgabe für die Bahngeschwindigkeit ergibt sich unmittelbar aus den Geschwindigkeitsgrenzen, die für den Prozeßbaustein "Ecke" ermittelt wurden (s. Abschn. 4.4.5., Abb. 4-28). Die Klebermenge ist abhängig von der Dosierleistung des eingesetzten Kleberauftragsystems. Bei der Wahl beliebiger Variablenwerte für die vier Eingabegrößen, die innerhalb der vorgegeben Grenzen liegen müssen, ergeben sich beliebige rechteckige Raupenbahnen. Kennzeichnend für alle Raupen ist ihr konstanter Querschnitt über den gesamten Bahnverlauf. Der Raupenquerschnitt ergibt sich in Abhängigkeit von den vier vorgebenen Variablenwerten. Die gegenseitige Beeinflußung der Variablenwerte ist im Algorithmusteil des Prozeßmakros hinterlegt. Dessen Wirkungsweise soll im folgenden erläutert werden.

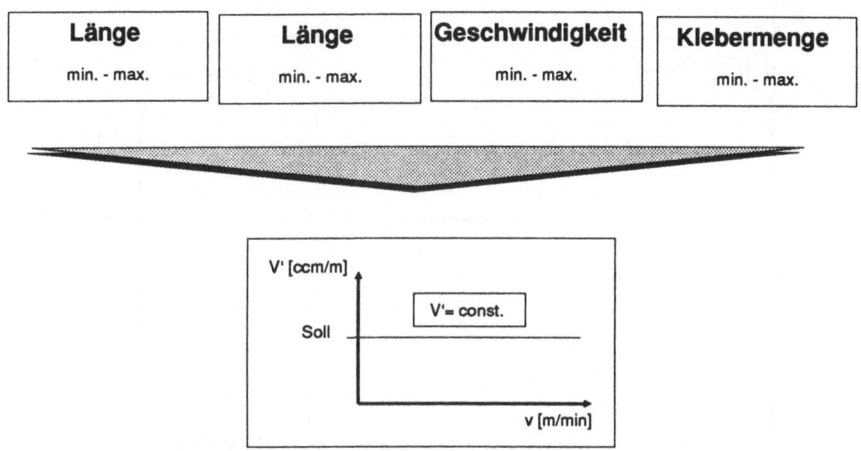

Abb. 6-11: Grenzen der Eingabeparameter des Prozeßmakros "Rechteckbahn"

6.2.1.2. Wirkungsweise des Algorithmusteils

Wie bereits oben verdeutlicht, besteht die Aufgabe des Algorithmusteils in der Aufbereitung der variablen Eingabegrößen des Prozeßmakros "Rechteckbahn". Die aufbereiteten Daten dienen dem Ausführungsteil als Vorgaben für die geforderten Bewegungs- und Qualitätsanweisungen. Dazu müssen die verdichteten Daten (charakteristische Kenngrößen) des Eingabeteils wieder in die Einzeldaten der Prozeßbausteine zerlegt werden.

Die Bahngeschwindigkeit stellt hierbei die unproblematischte Größe dar. Sie ist eine übergeordnete Syntaxanweisung, die als Voreinstellung im Ausführungsteil steht. Die geometrischen Eingaben (Länge, Breite) werden dagegen in die Einzelstützpunkte der Prozeßbausteine zergliedert. Dazu erhält jeder Stützpunkt eine Parameterzuweisung (Abb. 6-12). Die Bezugsebene für die Bewegungsbahn legt ein Koordinatensystem fest, das in der vorderen linken Ecke der Bahn liegt. Alle Parameterwerte beziehen sich auf diesen Ursprung. Auf der Grundlage der Eingabewerte errechnet der Algorithmusteil die jeweiligen Parameterwerte der Bahn.

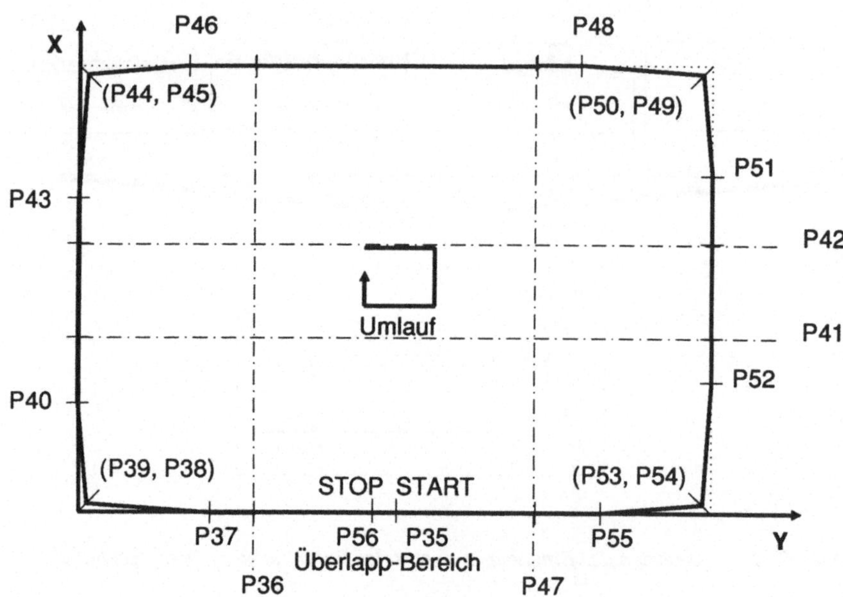

Abb. 6-12: Parameterzuweisung der Stützpunkte im Prozeßmakro "Rechteckbahn"

Die Klebermenge stellt keine direkte Größe dar. Das Kleberdosiersystem benötigt zur Einstellung des Volumenstromes einen analogen Vorgabewert. Die Klebermenge ergibt sich aus der Ausbringzeit und dem eingestellten Öffnungsquerschnitt der Düse. Die Ausbringzeit hängt von der gewählten Bahngeschwindigkeit und dem Umfang des Rechtecks ab, während die Öffnung direkt über die analoge Spannungsvorgabe eingestellt wird. Die Spannungsvorgabe stellt folglich das Regulativ für das gewählte Klebervolumen dar.

In die Befehlssyntax zur Spannungsvorgabe kann über einen Faktor F die Ausgabespannung U beeinflußt werden. Setzt man voraus, daß in die Bezugsspannung 10 Volt beträgt und der Faktor F zwischen 0 und 1 liegen kann, so gilt :

$U = 10 \times F\ [V] \quad (1)$

Eine zweite Beziehung für die Spannung ergibt sich aus der ausgewählten Dosierkennlinie für 130 bar, die eine Steigung von 5,5 $^{ccm}/_{Volt}$ aufweist (s. Abschn. 4.3.2., Abb. 4-16); mit einem Geltungsbereich oberhalb 1 Volt gilt für die Ausgabespannung U in Abhängigkeit von der Klebermenge M:

$$U = (M - 2{,}5) / 5{,}5 \; [V] \quad (2)$$

Aus (1) und (2) erhält man für den Faktor F:

$$F = (M - 2{,}5) / 55 \; [1] \quad (3)$$

Die Dosierkennlinie (vgl. Abb. 4-16) basiert auf einer Öffnungszeit des Schiebers von 5 Sekunden. Bei der maximal zulässigen Bahngeschwindigkeit von 24 $^{m}/_{min}$ legt der IR in dieser Zeit 2000 mm zurück. Nimmt man diese Strecke als Bezugslänge, dann gilt für den Korrekturfaktor k_l bei beliebigen Rechteckumfängen mit Rechtecklänge x und Rechtecktiefe y (Abb. 6-13):

$$k_l = L_0 / L = 2000 / 2(x + y) = 1000 / (x + y) \; [1] \quad (4)$$

Zur vollständigen Berechnung des Faktors F fehlt noch der Einfluß der Bahngeschwindigkeit des IR. Die maximale Bahngeschwindigkeit ist mit 24 $^{m}/_{min}$ festgelegt und stellt damit 100 Prozent dar. Die Geschwindigkeit GES kann über den Override OR (0 - 100 %) oder die Vorgabe einer anderen Geschwindigkeit reduziert werden, so daß sich für den Korrekturfaktor k_{ges} folgender Zusammenhang ergibt (Abb. 6-14):

$$k_{ges} = OR / 100 \; [1] \quad oder \quad k_{ges} = GES / 24 \; [1] \quad (5)$$

Für die Berechnung des analogen Faktors F gilt somit:

$$F = (k_l \, * \, k_{ges} \, * \, M - 2{,}5) / 55 \; [1] \quad (6)$$

Mit (6) in (1) eingesetzt ergibt sich für die Ausgabespannung U:

$$U = (k_l * k_{ges} * M - 2{,}5) / 5{,}5 \; [V] \quad (7)$$

Die analoge Spannungsvorgabe kann mit dem hergeleiteten Algorithmus (7) bei Vorgabe eines definierten Klebervolumens anwendungsspezifisch bestimmt werden. Sie basiert auf den vorausgesetzten Werten aus den Versuchen (s. Abschn. 3.3. u. 3.4.), so daß bei Änderung dieser Randbedingungen der Algorithmus neue Festwerte erhält, jedoch in seinem Aufbau identisch bleibt.

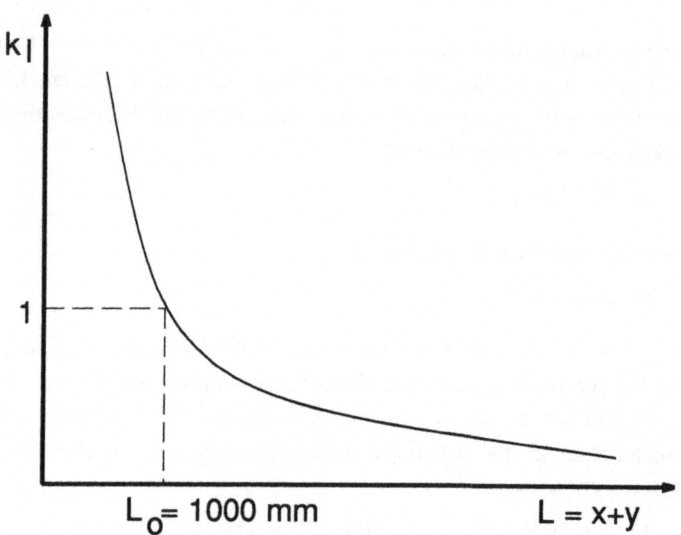

Abb. 6-13: Längenkorrekturfaktor K_l

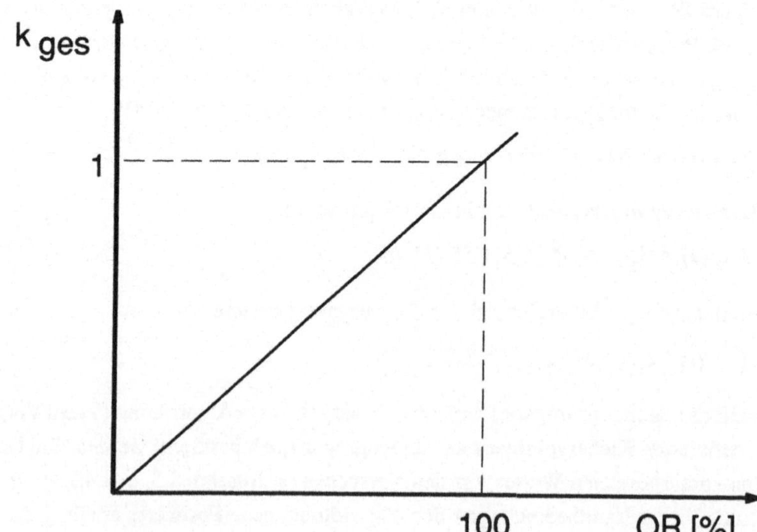

Abb. 6-14: Geschwindigkeitskorrekturfaktor k_{ges}

6.2.2. Entwicklung des teilespezifischen Klebemoduls

Die Entwicklung des teilespezifischen Klebemoduls ist weniger aufwendig als die des Prozeßmakros. Im wesentlichen werden für diese Entwicklung nur zwei Schritte benötigt:

- Festlegen der Parameterwerte im Eingabeteil des Prozeßmakros
- Festlegen der Raupenposition auf dem Basisteil

Die Belegung der Parameterwerte ergibt sich aus den konstruktiven Randbdingungen des jeweiligen Basisteils. Im Anwendungsbeispiel der Kochmuldenfertigung entsprechen die geometrischen Eingaben (Länge, Breite) der Größe des Ausschnittes, in den die Keramikscheibe eingelegt wird (Abb. 6-15).

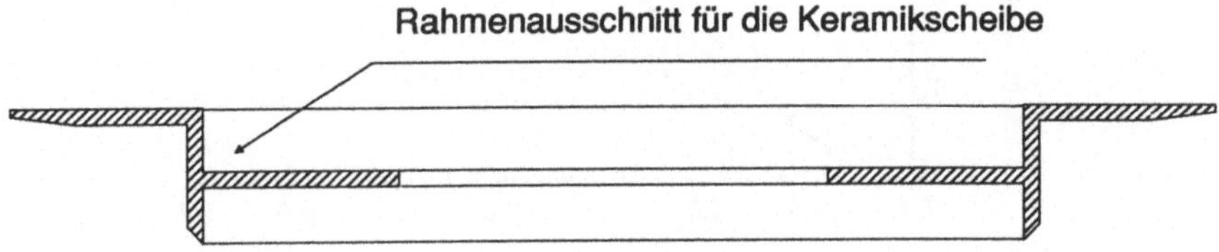

Abb. 6-15: Lage des Ausschnittes für die Keramikscheibe im Rahmen

Die Vorgabe der Klebermenge ergibt sich in Abhängigkeit vom Dehnfugenmaß zwischen Scheibe und Rahmen sowie dem Umfang des Rechteckes. Auf der Grundlage der Versuchsreihen zur Findung des geeigneten Auftragwinkels (s. Abschn. 6.1.2., Abb. 6-6) läßt sich für den eingesetzten 45-Grad-Auftrag ein Eichdiagramm ableiten (Abb. 6-16). Über dem Spaltmaß ist die spezifische Klebermenge pro Längeneinheit aufgetragen. So kann unmittelbar aus den konstruktiven Daten des Rahmens und der Scheibe, die das Dehnfugenmaß der Mulde bestimmen, die notwendige Klebermenge abgelesen werden.

Zur Festlegung der Raupenlage dient die Definition eines Werkstückkoordinatensystems. Für den Muldenrahmen kann dieses Koordinatensystem beispielsweise in der vorderen linken Ecke der Außengeometrie liegen (Abb. 6-17). Auf dieses System bezieht sich das Bezugssystem des Prozeßmakros. Im dargestellten Fall ist die Zuordnung aufgrund der orthogonalen Lage der Rechtecke durch eine einfache Translation im Raum ausdrückbar. Die Koordinatenwerte ergeben sich direkt aus der Konstruktionszeichnung.

Anhand der oben beschriebenen Vorgehensweise können nun für unterschiedliche Muldengrößen, die teilespezifischen Klebemodule für die jeweiligen Unterraupen entwickelt werden.

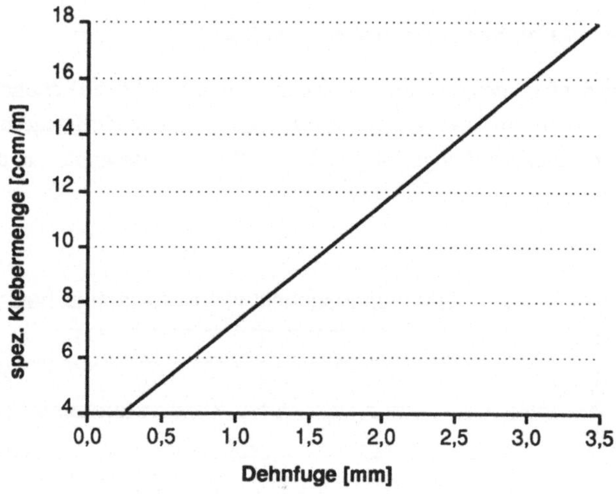

Abb. 6-16: Eichdiagramm zur Bestimmung der Klebermenge

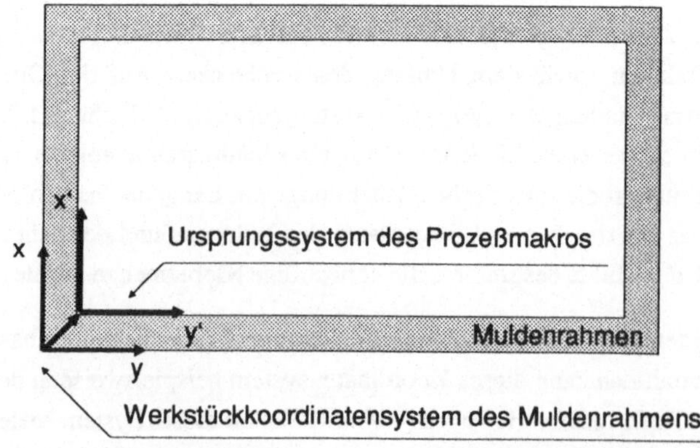

Abb. 6-17: Geometrische Zuordnung des Prozeßmakros zum Basisteil "Rahmen"

6.2.3. Entwicklung des bereitstellungsbezogenen Programmgerüstes

In die offene Datenstruktur des neutralen Programmgerüstes (s. Abschn. 5.5., Abb. 5-13) müssen die spezifischen Daten der Bereitstellungseinrichtung eingetragen werden. Im Definitionsteil des Programmgerüstes wird die Position der Bereitstellungseinrichtung in Relation zum Referenz-System des Roboters hinterlegt. Zur Positionsbeschreibung dient ein bereitstellungsbezogenes Koordinatensystem, das für die jeweilige Bereitstellungseinrichtung definiert werden muß. Das Bezugssystem der Rahmenbereitstellungseinrichtung liegt auf dem Schnittpunkt der Symmetrielinien des Spannmittelpunktes. Zur Kalibrierung der Bereitstellungseinrichtung findet eine geeichte Meßplatte Verwendung. Die Position des Koordinatenursprungs sowie die Richtung der Hauptachsen wird durch die Verbindungslinien der Seitenhalbierenden der Meßplatte visualisiert (Abb. 6-18).

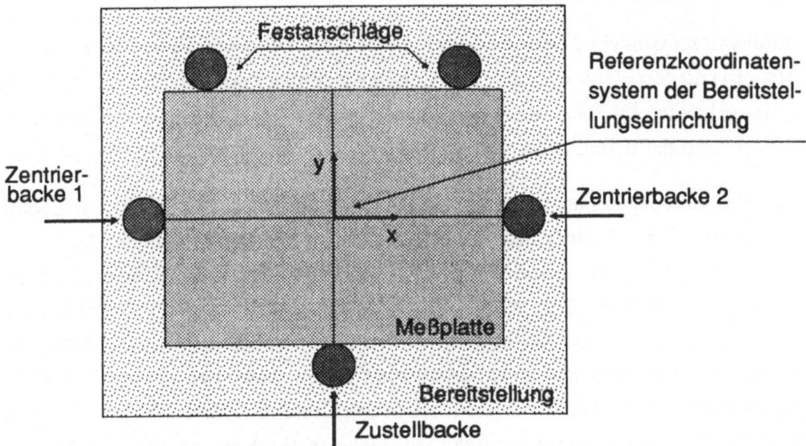

Abb. 6-18: Meßplatte zur Bestimmung des Koordinaten-Ursprungs der Bereitstellungseinrichtung

Die genaueste Kalibrierung für die Bereitstellungseinrichtung liefert ein direktes Meßverfahren, das als Routine im IR integriert ist. Mit einem Meßgreifer wird der Punkt des Koordinatenursprungs auf der Meßplatte angefahren und anschließend abgespeichert (Abb. 6-19).

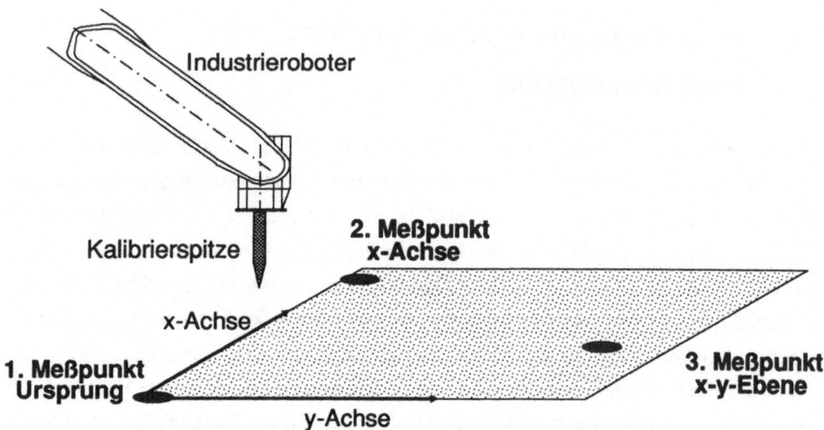

Abb. 6-19: Direktes Meßverfahren zur Bestimmung des bereitstellungsbezogenen Referenzsystems

Nachfolgend müssen ein Punkt der x-Achse sowie ein beliebiger Punkt der x-y-Ebene angefahren und gespeichert werden. Die Robotersteuerung hat damit alle Werte, um die Orientierungswinkel der Raumachsen auszurechnen. Die errechneten Werte müssen in den Eingabeteil des bereitstellungsbezogenen Programmgerüstes übertragen werden.

Der Anfahrpunkt der Rahmenbereitstellungseinrichtung liegt zentral über dem Koordinatenursprung. Diese Position kann von allen anderen Peripheriestationen, die sich im Arbeitsraum des IR befinden, kollisionsfrei angefahren werden. In den Kommunikationsblöcken des Programmgerüstes stehen die Statusabfragen der Kommunikationspartner (Kleberauftragsystem, Bereitstellungseinrichtung). Zu den Statusabfragen gehören beispielsweise die Betriebszustände der Partner wie die momentane Betriebsart oder etwaige Störungsmitteilungen. Ebenso befinden sich in den Kommunikationsblöcken die Hand-Shake-Signale. Diese Kommunikationart zeichnet sich durch den unmittelbar ablaufenden bidirektionalen Informationsaustausch im Sinne eines Frage-Antwort-Verhaltens aus. Beispielsweise quittiert die Bereitstellungseinrichtung die Mitteilung "Kleberauftrag beendet" mit der Zurücknahme des Signales "Rahmen bereitgestellt" .

Zur Bildung des kompletten Klebeprogrammes für die Unterraupe der Keramikkochmulde muß im nächsten Schritt das teilespezifische Klebemodul in das oben entwickelte bereitstellungsbezogene Programmgerüst integriert werden.

6.2.4. Das vollständige Klebeprogramm

Das vollständige Klebeprogramm entsteht durch die Verbindung des teilespezifischen Klebemoduls mit dem bereitstellungsbezogenen Programmgerüst. Dazu muß die Lagezuordnung der beiden Elemente bestimmt werden (Abb. 6-20).

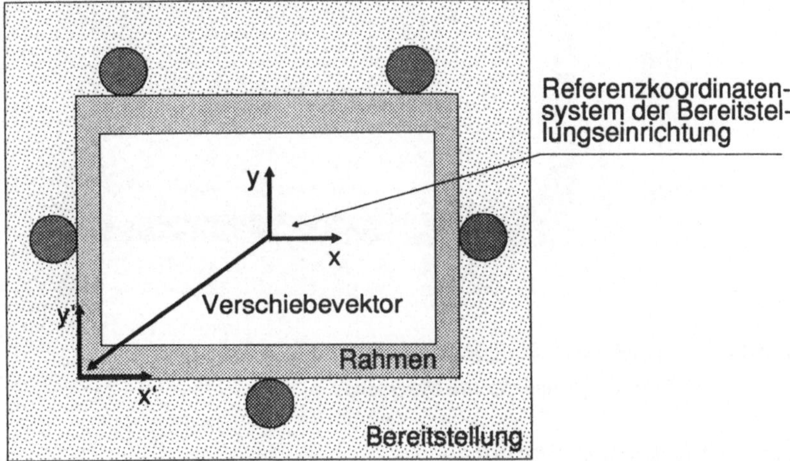

Abb. 6-20: Geometrische Zuordnung zur Integration des teilespezifischen Klebemoduls in das bereitstellungsbezogene Programmgerüst

Der Verschiebevektor, der die räumliche Zuordnung der Koordinatensysteme der beiden Elemente definiert, kann mit dem in Abschn. 6.4., Abb. 6-19 vorgestellten Meßverfahren bestimmt werden. Die Entwicklung des vollständigen Klebeprogrammes für die Unterraupe aus den anwendungsneutralen Elementen des modularen Programmbaukastens ist damit abgeschlossen (Abb. 6-21).

Die Qualität der Unterraupe hängt im wesentlichen von der Einhaltung eines definierten Düsenabstandes zu Rahmenwand und Rahmenboden ab. Die Maß- und Formhaltigkeit der eingesetzten Rahmen sowie das Einspannen der Rahmen in ihrer zentrierten Lage vor dem IR nehmen damit starken Einfluß auf das Klebeergebnis. Bei Gewährleistung der Toleranzvorgaben stellen sich sehr gute Ergebnisse mit dem entwickelten Klebeprogramm ein. Die Entwicklung eines vollständigen Klebeprogrammes aus den neutralen Elementen des modularen Programmbaukastens ist damit abgeschlossen.

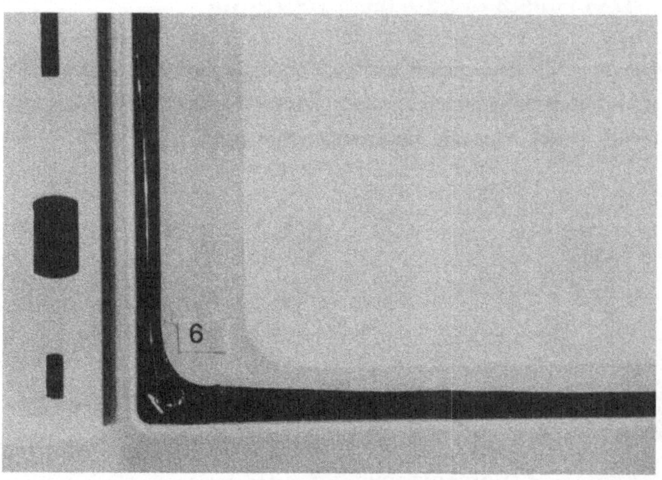

Abb. 6-21: In den Rahmen eingebrachte Unterraupe durch das vollständige Klebeprogramm für die Unterraupe

6.3. Zusammenfassung

Aus den anwendungsneutralen Prozeßbausteinen können Prozeßmakros erstellt werden. Diese Prozeßmakros sind entweder für eine einzige Aufgabenstellung bestimmt oder für ein breites Spektrum ähnlicher Anwendungen geeignet. Mit dem Prozeßmakro "Rechteckbahn" ist ein flexibles Element geschaffen worden. Im Eingabeteil des Prozeßmakros stehen die charakteristischen Kenngrößen, die variabel auf die konkrete Aufgabenstellung anpaßbar sind. Diese konkreten Wertbelegungen in Verbindung mit den geometrischen Zuordnungen der Raupenlage zum Basisteil führen zum teilespezifischen Klebemodul. Das teilespezifische Klebemodul wird im letzten Schritt in das bereitstellungsbezogene Programmgerüst integriert. Das bereitstellungsbezogene Programmgerüst entsteht aus dem neutralen Programmgerüst. In dieses werden die Daten und Randbedingungen für die Durchführung der Aufgabenstellung an einer speziellen Bereitstellungseinrichtung eingetragen.

Der modulare Programmbaukasten ermöglicht so das schnelle und sichere Erstellen von anwendungsspezifischen Klebeprogrammen. Die jeweiligen Elemente, aus denen das vollständige Klebeprogramm zusammengesetzt ist, können ihrerseits im modularen Programmbaukasten abgelegt werden. Der Anteil bereits erprobter Elemente im Baukasten nimmt so mit jeder neuen Aufgabenstellung zu. Die Programmerstellung für zukünftige Aufgabenstellungen kann dadurch eine erhebliche Zeitersparnis erfahren.

Im Fall des dargestellten Beispiels der Kochmuldenfertigung ist es möglich, neue Varianten, die sich nur in den charakteristischen Kenngrößen unterscheiden, schnell aus den bereits vorhandenen Elementen zu entwickeln. Unter der Voraussetzung, daß die neue Variante in der gleichen Bereitstellungseinrichtung bearbeitet wird, kann das bereitstellungsbezogene Programmgerüst vollständig übernommen werden. Die Wertebelegung im Eingabeteil des Prozeßmakros sowie die Angabe der geometrischen Zuordnung der Raupenbahn zum Basisteil ergeben unmittelbar das teilespezifische Klebemodul. Die Integration in das bereitstellungsbezogene Programmgerüst führt zum vollständigen Klebeprogramm für die neue Variante.

7. Verallgemeinerungsansatz für den modularen Programmbaukasten

7.1. Einleitung

Die Erstellung der Klebeprogramme unter Verwendung des modularen Programmbaukastens führt zu einem strukturierten Programmaufbau. Das ergibt sich aus der Tatsache, daß die einzelnen Elemente des modularen Programmbaukastens die Unterstrukturen eines vollständigen Klebeprogrammes darstellen. Die klare Gliederung in Unterstrukturen gewährleistet überdies die Wiederverwendbarkeit von bereits erstellten Programmteilen, die als Elemente im modularen Programmbaukasten hinterlegt sind. Die Kombination dieser Elemente führt zu neuen anwendungsspezifischen Klebeprogrammen.

Dem vollständigen Klebeprogramm liegt eine dreigliedrige Struktur zugrunde, die sich aus dem Prozeßmakro, dem teilespezifischen Klebemodul sowie dem bereitstellungsbezogenen Programmgerüst zusammensetzt. Nur das Prozeßmakro beinhaltet den eigentlichen Klebeprozeß. Die beiden anderen Elemente sind dagegen prozeßneutral. In ihnen sind die geometrischen Zuordnungen sowie die Voraussetzungen zur Aufgabendurchführung hinterlegt. Infolge dessen kann unter gleichen Voraussetzungen ein anderes Prozeßmakro in die Programmstruktur integriert werden. Auf diese Art und Weise unterscheiden sich beispielsweise die Klebeprogramme für die Unterraupe und die Oberraupe im dargestellten Fertigungsbeispiel der Klebezelle für Keramik-Kochmulden.

Löst man sich von der konkreten Fertigungsaufgabe des Klebens, so kann der modulare Programmbaukasten in einer allgemeinen Form dargestellt werden (Abb. 7-1). Das Prozeßmakro beinhaltet die Bewegungsanweisungen und Vorgaben für den Prozeß, so daß die Durchführung einer bestimmten Aufgabenstellung möglich ist. Es kann als prozeßspezifisches Makro bezeichnet werden. Das Prozeßmakro steht für unterschiedliche Aufgaben aus dem Bereich der Fertigung und Montage. Dazu gehören effektorgestützte Prozesse wie das Schrauben oder Nieten sowie robotergestützte Applikationen aus dem Bereich des Handhabens und Montierens. Neben dem Kleben können auch weitere vernetzte Prozesse wie das Schweißen oder die Laserbearbeitung mit Industrieroboter Verwendung finden. Analog zu den in Abschn. 4. entwickelten Prozeßbausteinen für Klebeapplikationen, müssen dan ähnlich strukturierte, anwendungsneutrale Elemente für die diversen Aufgabenstellungen entwickelt werden. Aus diesen Elementen können dann die jeweiligen Prozeßmakros gebildet werden. Die geometrische Zuordnung des Prozeßmakros führt zu einem teilespezifischen Aufgabenmodul. Das vollständige Bearbeitungsprogramm ensteht aus der Integration des Aufgabenmoduls in das stationsbezogene Programmgerüst.

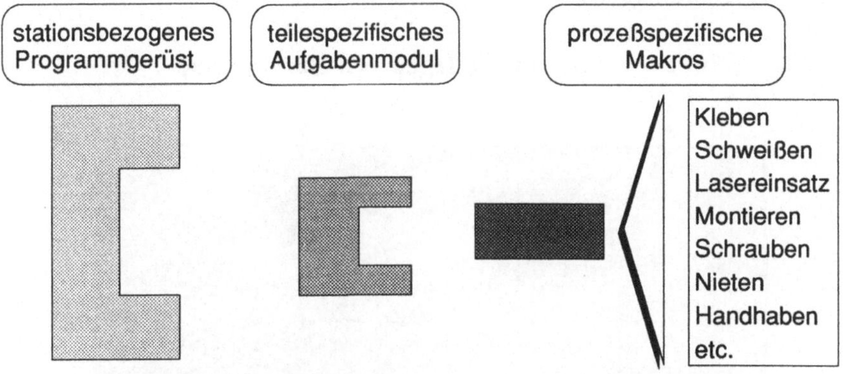

Abb. 7-1: Allgemeiner Aufbau des modularen Programmbaukastens

So lassen sich auf der Grundlage des erweiterten modularen Programmbaukastens einheitliche Programmstrukturen für alle Roboterprogramme erstellen. Aus dieser Vorgehensweise resultiert eine Standardisierung, die zu einer großen Übersichtlichkeit der Programme führt. Die Softwarepflege erfährt dadurch eine erheblich Erleichterung. Ebenso unterstüzt eine solche Standardisierung schnelle Entwicklungszeiten, wobei die Qualität des Programmes überdies erhöht wird. So ist z. B. die firmeninterne Standardisierung funktionell gleicher Baugruppen eine wesentliche Voraussetzung für eine frühzeitige Bereitstellung fehlerarmer Steuerungsprogramme, so daß bei neuen Anlagen auf einen möglichst hohen Anteil bereits getesteter Programmmodule zurückgegriffen werden kann /7.1/. So kann beispielsweise im Fall der Kochmuldenfertigung das Bearbeitungsprogramm zum Einlegen der Keramikscheibe unmittelbar aus dem vollständigen Klebeprogramm für die Unterraupe entwickelt werden. Sowohl das stationsbezogene Programmgerüst (Bereitstellungseinrichtung) als auch das teilespezifische Aufgabenmodul (Rahmen) werden identisch übernommen. Anstelle des Prozeßmakros "Rechteckbahn" muß das prozeßspezifische Makro "Scheibe einlegen" integriert werden.

Die Übertragbarkeit des modularen Programmbaukasten sowie die damit erstellbare dreigliedrige Programmstruktur aus dem stationsbezogenen Programmgerüst, dem teilespezifischen Aufgabenmodul sowie dem prozeßspezifischen Makro wird im folgenden an drei weiteren industriellen Industrierobotereinsätzen verdeutlicht.

7.2. Fallbeispiele

7.2.1. Montagezelle zum Einlegen von Dämmatten

Abb. 7-2: Zelle zur Montage von Dämmatten in einen PKW-Innenraum

Die Aufgabe der Montagezelle (Abb. 7-2) besteht im Einlegen von drei Dämmatten in den Fondbereich des Fahrgastraumes einer PKW-Karosse. Sie ist integriert in den Fertigungsfluß der Lackiererei zwischen Grundieren und Lackieren. In diesem Bereich werden Nacharbeiten an der Grundierung sowie die Montage aller Dämmelemente vorgenommen.

Die Karosse befindet sich während des ganzen Fertigungsflusses auf einem Förderschlitten, der in der Zelle definiert angehalten und positioniert wird. Über eine Bereitstellungseinrichtung wird die jeweilige Matte in den Arbeitsraum des Roboters verfahren. Der

Antrieb des Verfahrschlittens der Bereitstellungseinrichtung ist als 7. Achse des IR Bestandteil der Robotersteuerung. Nacheinander nimmt der Roboter mit seinem Effektor die Matten auf, die durch eine besondere Schälbewegung vereinzelt werden müssen. Da die Lagestreuung der Matten im Stapel über der geforderten Ablagegenauigkeit liegt, erfaßt eine Meßstation die Lage- und Winkelabweichungen der Matten am Effektor. Diese Werte übernimmt der Roboter als Korrekturwerte zur programmierten Ablageposition. Anschließend taucht der Roboter durch die Frontscheibenöffnung der Karosse in den Fahrgastraum ein. Eine Kamera, die sich im Effektor befindet, ermittelt die Lagetoleranz der Karosse. Nach Auswertung aller Korrekturparameter legt der Roboter die drei Matten definiert im Innenraum der Karosse ab.

Die Matten gehören zur Klasse der biegeschlaffen Teile. Neben der Forminstabilität neigen sie zu großen Deformationen durch äußere Kräfte und Momente. Daraus resultieren Irreversibilitäten in Form plastischer Verformungen. Schwierig für eine automatische Montage muß auch ihr Adhäsionsbestreben untereinander sowie die stochastische Wellengebung der Stapeloberfläche angesehen werden. Diese Randbedingungen führen zu einem robotergeführten Effektor, der seitens seines Greifprinzipes, Volumens und Gewichtes optimal gestaltet ist. So kann er den Randbedingungen, die aus der Tragkraft des Roboters sowie der Zugänglichkeit der Karosse resultieren, genügen.

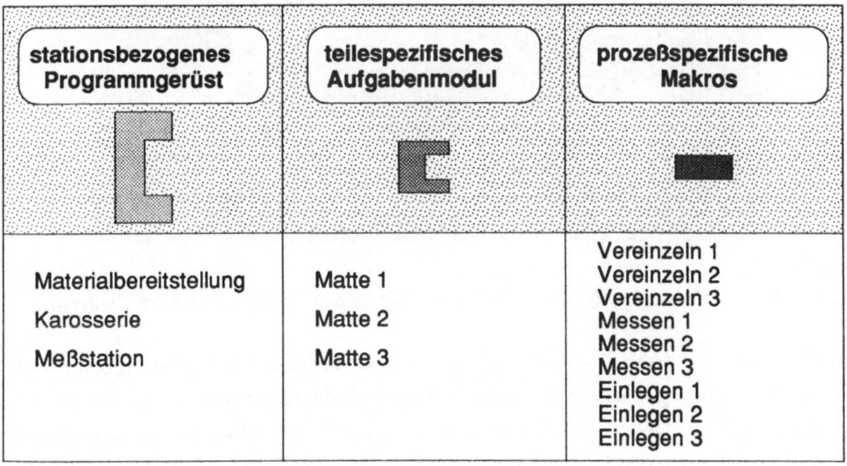

stationsbezogenes Programmgerüst	teilespezifisches Aufgabenmodul	prozeßspezifische Makros
Materialbereitstellung Karosserie Meßstation	Matte 1 Matte 2 Matte 3	Vereinzeln 1 Vereinzeln 2 Vereinzeln 3 Messen 1 Messen 2 Messen 3 Einlegen 1 Einlegen 2 Einlegen 3

Abb. 7-3: Elemente des modularen Baukasten für die Dämmatten-Montage

Die jeweiligen Bearbeitungsprogramme können aus den Elementen des dargestellten modularen Programmbaukastens entwickelt werden (Abb. 7-3). Hier existieren für die jeweiligen Stationen spezielle Programmgerüste. Die Zuordnung der konkreten Aufgabe (Prozeßmakro) zu einem bestimmten Teil (Matten) führt zu dem teilespezifischen Aufgabenmodul. Die Integration in das betreffende stationsbezogene Programmgerüst ergibt das vollständige Bearbeitungsprogramm.

7.2.2. Montagezelle für Module einer Speicherprogrammierten Steuerung SPS

Abb. 7-4: Montagezelle für die Module einer Speicherprogrammierten Steuerung

Die Montagezelle (Abb. 7-4) läßt sich in die zwei Teilbereiche Industrieroboter und Transferband untergliedern. Ihre Aufgabe ist die Endmontage von 22 verschiedenen Varianten einer SPS-Reihe. Der Montageumfang der SPS-Module umfaßt neun Teile. Die variantenabhängigen Teile gelangen über Beschickungseinrichtungen in den Arbeitsbereich des IR's, während die variantenneutralen Kleinteile in der Peripherie der Zelle gebunkert vorliegen. Zunächst entnimmt der IR mit Hilfe eines Dreifachgreifers Gehäuse,

Frontplatte und Nutzen (Integralkonstruktion von zwei Platinen und Trägerrahmen) aus den Beschickungseinrichtungen. Nachdem im Verbund mit speziellen Peripherieeinrichtungen das Gehäuse mit der Platine und dem Codierelement sowie die Frontplatte mit einem Makrolonschild gefügt wurden, wird das Gehäuse einem Werkstückträger WST des Transferbandes übergeben. Zum Abschluß des robotergeführten Montageablaufes wird die Frontplatte mit dem im WST zentrierten Gehäuse gefügt. Der transferbandgestützte Montageablauf beinhaltet das Verschrauben der Platine mit dem Gehäuse sowie das Fügen einer Schraube-Feder-Einheit. Diese Montageoperationen finden an unterschiedlichen stationären Bandeinrichtungen statt. Anschließend gelangt das fertig montierte Modul wieder in den Arbeitsbereich des IR zurück. Dieser entnimmt das Modul dem WST und stapelt es in eine Eurofix-Kiste, die in der Beschickungseinrichtung bereitsteht, zurück.

Das Fügen und Vereinzeln der Platinen aus dem Nutzen sowie das Fügen der Makrolonschilder erfordern eine Wiederholgenauigkeit der Fügebewegungen im Bereich von +/- 0,3 mm. Vor dem Hintergrund der Wirkungskette Teilebereitstellung, Teileaufnahme, Wiederholgenauigkeit des IR sowie Lage- und Formtoleranzen der Bauteile können diese Operationen als kritisch für die automatisierte Montage angesehen werden.

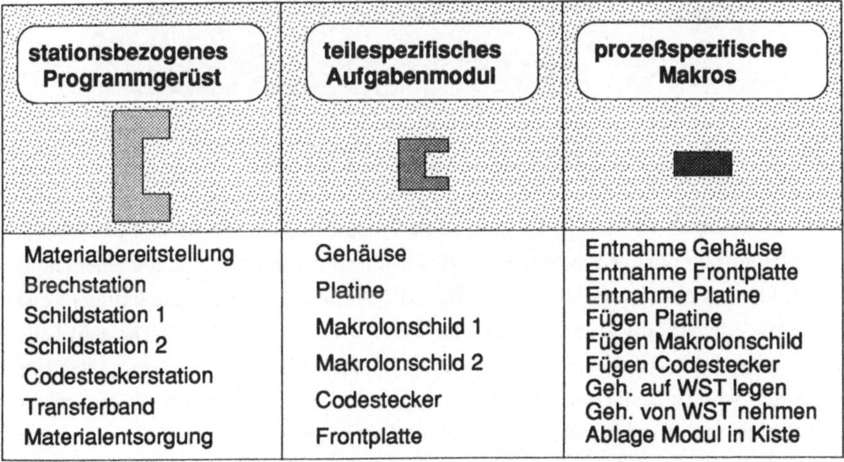

Abb. 7-5: Elemente des modularen Programmbaukasten für die SPS-Montage

Die Anzahl der Elemente, die für die Erstellung der Bearbeitungsprogramme im modularen Programbaukasten hinterlegt sind, verdeutlicht die Komplexität der vorgestellten Montagezelle (Abb. 7-5). Der Vorteil, der sich aus einer einheitlichen Strukturierung aller Bearbeitungsprogramme ergibt, wird durch dieses Anwendungsbeispiel sehr gut verdeutlicht.

7.2.3. Ausformen von Gummiblenden

Abb. 7-6: Anlage zum Ausformen von Schiebedachblenden

Die auszuformende Schiebedachblende ist ein Integralelement aus Gummi und Metall. Ein vorgeformter dünner Blechträger wird in einer Spritzgießmaschine mit einer Gummihaut von 0,5 mm umspritzt. Nach Öffnen der Formhälften liegen die fertigen Teile (vier Blendenpaare) im ausgefahrenen Unterkasten zur Entnahme bereit. Die acht Teile haften fertigungsbedingt im Unterkasten. Aufgabe der Anlage ist das verformungsfreie Lösen der Schiebedachblenden aus den Nestern. Aus Taktzeitgründen werden immer zwei Schiebedachblenden ausgeformt. Der Ausformungsvorgang beginnt mit dem zentrierten Aufsetzen des Effektors auf die untere Formhälfte (Abb 7-6).

Ein Kombinationsgreifelement aus Magneten und Saugern wird auf die Blenden aufgesetzt. Über Düsen gezielt zugeführte Luft löst das Vakuum zwischen Blende und Nest. Das Greifwerkzeug hebt anschließend die Teile aus. Eine Abstreifvorrichtung führt die ausgeformten Teile wieder in ihre Ausgangslage im Unterkasten zurück. Nach dem Ausformen der acht Teile wird der Effektor aus dem Arbeitsbereich der Spritzgießmaschine gebracht.

Die Steuerung des Ausformvorgangs für die vier Blendenpaare obliegt einer Speicher-Programmierten-Steuerung SPS. Nach dem Positionieren des Effektors auf dem Unterkasten übernimmt sie das Zustellen und Verfahren des Kombigreifelementes über die einzelnen Nester sowie die Überwachung des Ausformprozesses. Der Effektor stellt somit eine Sondermaschine dar. Die Positionierung dieser Sondermaschine auf dem Unterkasten der Spritzgießmaschine stellt eine einfache Bewegungsaufgabe für einen Industrieroboter dar.

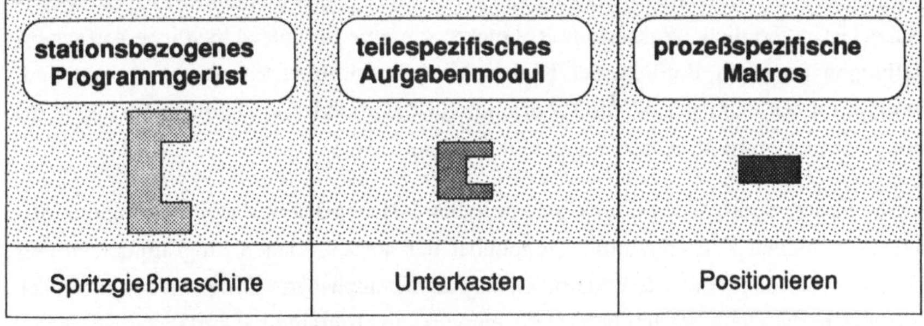

Abb. 7-7: Elemente des modularen Baukasten für das Blendenausformen

Zur Durchführung der Aufgabenstellung genügt ein einziges Bearbeitungsprogramm. Der modulare Programmbaukasten hält somit pro Elementeart jeweils nur ein Element bereit (Abb. 7-7). Das Prozeßmakro beinhaltet bei diesem Anwendungsbeispiel nur wenige Verfahranweisungen. Die Prozeßbeherrschung ist Aufgabe der auf dem Unterkasten positionierten Sondermaschine.

8. Zusammenfassung

Die heutige Situation bei der Programmierung von Klebeapplikationen mit Industrierobotern ist durch einen hohen experimentellen Aufwand während der Programmerstellung gekennzeichnet. Die Prozeßsicherheit kann häufig nur für ganz enggefaßte Randbedingungen gewährleistet werden. Diese Vorgehensweise schlägt sich überdies in einem großen Zeitbedarf und hohen Inbetriebnahmekosten nieder. Die Ursache liegt in einem bis heute noch nicht umfaßend dokumentierten und flexibel einsetzbaren Grundwissen über den Klebeprozeß. Vor diesem Hintergrund ensteht die Forderung nach einem flexiblen und modular aufgebauten Programmbaukasten für robotergeführte Klebeprozesse. Diese Forderung erfährt unter Berücksichtigung der Zunahme der Klebeapplikationen sowie der gleichzeitig kürzer werdenden Produktlebenszyklen weitere Verstärkung.

Im Rahmen dieser Arbeit wird eine systematische Vorgehensweise zum Entwickeln eines modularen Programmbaukastens aufgezeigt. Mit Hilfe dieses modularen Programmbaukastens ist es möglich, strukturierte Roboterprogramme für unterschiedliche Aufgabenstellungen aus dem Bereich des Kleberauftrages mit Industrieroboter zu erstellen. Darüber hinaus können einzelne Programmodule als wiederverwendbare Elemente im modularen Programmbaukasten abgelegt werden.

Wesentliches Merkmal des Baukastens stellt die Tatsache dar, daß seine Verwendung zu einer erheblichen Zeitreduzierung gegenüber der heute üblichen Programmerstellung führt. Von entscheidender Bedeutung ist es, daß die eingesparte Zeit nicht zu Lasten der Prozeßsicherheit geht. Vielmehr trägt der entwickelte Programmbaukasten zur Erhöhung der Prozeßsicherheit bei. Der Programmentwickler benötigt kein detailliertes, prozeßspezifisches Wissen. Er kann vielmehr auf vorgefertigte Elemente des Baukastens zugreifen und sie - ähnlich Makros in Hochsprachen - in sein Programm einbinden.

Den Ausgangspunkt der Arbeit stellt der heutige Stand der Technik dar. Mit den am Markt erhältlichen Industrierobotern stehen flexible Geräte zur Verfügung, die für ein breites Spektrum industrieller Einsätze verwendet werden können. Für die Programmierung der Industrieroboter existieren unterschiedliche Verfahren. Beginnend mit der direkten Programmierung (On-line) am Industrieroboter bis hin zum anlagenfernen Programmieren (Off-line) und Simulieren an graphischen Systemen bieten sich dem Anwender freie Wahlmöglichkeiten. Die Entwicklung der Klebetechnik ist im wesentlichen geprägt durch die zur Verfügung stehenden Klebersysteme. Im Einsatz befinden sich Ein- und Zweikomponentensysteme. Die anlagentechnische Entwicklung bei den Auftragsystemen hat bei den Einkomponentenklebern einen höheren Leistungsstand hinsichtlich der Ausströmregelung des Kleberausflußes erreicht. Dies begründet sich in dem unproblematischeren Klebermaterial. Der Vorteil der Zweikomponentensysteme liegt im schnelleren Aushärten des Klebergemenges.

Somit stehen die Komponenten (Industrieroboter, Kleberauftagsysteme) und Planungswerkzeuge (Offline-Programmierung, Simulation) für die Entwicklung flexibler Klebezellen mit Industrieroboter zur Verfügung. Die Flexibilität darf jedoch nicht bei den Komponenten und Planungswerkzeugen enden, sondern muß ebenso in der Struktur und Wiederverwendbarkeit der Klebeprogramme seinen Niederschlag finden. Der Zugriff auf flexible Hardware in Verbindung mit einer modular strukturierten und auf konkrete Aufgabenstellungen transferierbaren Software bringt erst einen hohen Grad an Flexibilität sowie eine Erhöhung der Entwicklungsproduktivität.

Die Entwicklung des modularen Programmbaukastens beginnt mit einer systemtechnischen Betrachtung der Aufgabenstellung. Die Gesamtfunktion AUFTRAGEN des Klebesystems läßt sich in die Teilfunktionen BEWEGEN und AUSSTRÖMEN zerlegen. Die Teilfunktionen stehen für Elemente des Klebesystems. Diese Elemente stellen ihrerseits wiederum eigene Systeme dar (Bewegungssystem, Ausströmsystem). Zur Schaffung von Elementen für den modularen Programmbaukasten ist die Kenntnis über das reale Verhalten des Klebesystems Voraussetzung. So werden zunächst Einzeluntersuchungen an dem realen Bewegungssystem *Industrieroboter* sowie dem realen Ausströmsystem *Kleberdosiersystem* durchgeführt. Aus den Systemeigenschaften dieser Teilsysteme wird durch Synthese die Systemeigenschaft des Gesamtsystems hergeleitet. Die Kenntnisse über die Eigenschaften des Klebesystems bilden die Grundlage zur Entwicklung der prozeßspezifischen Bausteine des modularen Programmbaukastens.

Die Funktionsstruktur eines vollständigen Klebeprogrammes dient zur Herleitung des prinzipiellen Aufbaus des modularen Programmbaukastens. Die Untergliederung dieser Struktur führt zu den einzelenen Elementem des modularen Programmbaukastens. Dazu gehören einerseits anwendungsneutrale Elemente. Aus ihnen sind beliebige anwendungsspezifische Klebeprogramme entwickelbar. Die Teilkombinationen aus den anwendungsneutralen Elementen können ihrerseits wieder im modularen Programmbaukasten abgelegt werden. Sie stellen die anwendungsspezifischen Elemente dar. Alle Elemente zeichnen sich durch klar definierte Schnittstellen aus, so daß ihre Kombination zu strukturierten Klebeprogrammen führt. Am Beispiel einer konkreten Fertigungsaufgabe wird die Anwendbarkeit des modularen Programmbaukastens aufgezeigt.

Der prinzipielle Aufbau des modularen Programmbaukastens ist nicht nur für das Erstellen von Roboterprogrammen zum Kleberauftrag geeignet. Sein Aufbau kann auf unterschiedliche Aufgabenstellungen der industriellen Montage und Fertigung übertragen werden. Am Beispiel von drei konkreten industriellen Anlagen wird diese Möglichkeit verdeutlicht.

9. Literaturverzeichnis

/1. 1/ N.N.: Automatisierung der Produktion, eine ganzheitliche Aufgabe; Präsentationsdruck iwb, München 1988

/1. 2/ Milberg, J.: Wettbewerbsfaktor Zeit in Produktionsunternehmen, in Wettbewerbsfaktor Zeit in Produktionsunternehmen, Referate des Münchener Kolloquiums '91, Springer Verlag, 1991

/1. 3/ Warnecke, H.-J.: Montage für kleine und mittlere Losgrößen, in Wettbewerbsfaktor Zeit in Produktionsunternehmen, Referate des Münchener Kolloquiums '91, Springer Verlag, 1991

/1. 4/ N.N.: Planung und Gestaltung komplexer Produktionssysteme/ REFA, Hanser Verlag, München 1987

/1. 5/ Milberg, J.; Tauber, A.: Simulation, ein Hilfsmittel zur Integration der betrieblichen Funktionsbereiche, Simulation und Integration ASIM Tagungsbericht 1989, gfmt-Verlag KG, München 1989

/1. 6/ Eversheim, W.; Schuh, G.; Caesar, C.: Variantenvielfalt in der Serienproduktion, VDI-Z 130 (1988) Nr. 12, VDI-Verlag, Düsseldorf 1988

/1. 7/ Feldmann, K.; Franke, J.: Montagezellen für neue Strukturen elektronischer Geräte, in Feinwerktechnik & Messtechnik 99(1991)7-8, Carl Hanser Verlag, München 1991

/1. 8/ Jäger, A.: Systematische Planung komplexer Produktionssysteme, Diss., Forschungsberichte iwb TU-München, Bd. 31, Springer-Verlag, 1991

/1. 9/ Feldmann, K.; Sturm, J.; Zöllner, B.: Diagnosekonzept zur Qualitätssicherung an SMD-Bestückungsautomaten, in Mikro-Elektronik me Bd. 4 (1990) Heft 4, VDE-Verlag, Berlin 1990

/1. 10/ Eder, T.; Glas, J.: Konzept eines offenen und modularen CAM-Systems, Die neue Fabrik, Denkmodelle und Pilotanlagen, mi-Sonderpublikation 1991, Verlag moderne industrie, Landsberg 1991

/1. 11/ Diekmann, H.: Erhöhung der Nutzlaufzeiten durch verbesserte Umfeldorganisation, in Wettbewerbsfaktor Zeit in Produktionsunternehmen, Referate des Münchener Kolloquiums '91, Springer Verlag, 1991

/1.12/ Angerhofer, O.; Manz, D.: Kleben mit dem Roboter, der wirtschaftliche Einstieg in die Robotertechnologie, in: ROBOTER März 1989, Verlag moderne industrie, Landsberg 1989

/1.13/ Lietz, J.: Kleben ersetzt die Tradition, in: ROBOTER 4/87, Verlag moderne industrie, Landsberg 1987

/2. 1/ Schweitzer, M.: Verstärkter Robotereinsatz in allen Bereichen, in: Produktion 4.4.91 Nr. 14, Verlag moderne industrie, Landsberg 1991

/2. 2/ N.N.: VDI 2860 Blatt 1, Handhabungsfunktionen, Handhabungseinrichtungen, Begriffe, Definitionen, Symbole, VDI-Verlag, Düsseldorf 1990

/2. 3/ Felsing, W.: Planungssystematik für die trennende Rohteilbearbeitung mit Industrierobotern, Diss., Produktionstechnik Berlin Forschungsberichte für die Praxis Nr. 60, Carl Hanser Verlag, München Wien 1987

/2. 4/ Riese, K.: Klipsmontage mit Industrierobotern, Diss., Forschungsberichte iwb TU-München, Bd. 15, Springer-Verlag, 1988

/2. 5/ Petry, M.; Bick, W.: Automatic insertion of insulating mats on car assembly line, in: Assembly Automation, 8(4), 183-185, IFS Publications, Bedford (GB) 1988

/2. 6/ Diess, H.: Rechnerunterstützte Entwicklung flexibel automatisierter Montageprozesse, Diss., Forschungsberichte iwb TU-München, Bd. 11, Springer-Verlag, 1988

/2. 7/ Reinhard, G.: Flexible Automatisierung der Konstruktion und Fertigung elektrischer Leitungssätze, Diss., Forschungsberichte iwb TU-München, Bd. 15, Springer-Verlag, 1988

/2. 8/ Prasch, H.: Off-line zum Fräsroboter, in: Roboter 6/88, Verlag moderne industrie, Landsberg 1988

/2. 9/ Weule, H.; Reichling, B.: Optisches Meßsystem zur Genauigkeitsprüfung von Industrierobotern, in: Robotersysteme 3 (1987), Springer-Verlag 1987

/2.10/ N.N.: VDI 2861 Blatt 2, Kenngrößen für Handhabungseinrichtungen, VDI-Verlag, Düsseldorf 1988

/2.11/ N.N.: VDI 3441, Statische Prüfung der Arbeits- und Positionsgenauigkeit von WZM, VDI-Verlag, Düsseldorf 1977

/2.12/ N.N.: Europäischer ROBOTER-Markt 1990, Jahreseinkaufsführer, Verlag moderne industrie, Landsberg 1990

/2.13/ Harkort, R.: Ein Beitrag zur Steigerung der Verfahr- und Positioniergenauigkeit von Industrierobotern im Rahmen eines Offline-Programmiersystems, Diss. Uni Dortmund, 1988; Fortschrittsberichte VDI, Reihe 1, Nr. 167, VDI-Verlag, Düsseldorf 1988

/2.14/ Kuntze, H.B.: Positinsregelung ohne höhere Mathematik, in: Roboter 4/88, Verlag moderne industrie, Landsberg 1988

/2.15/ Mun-Sang Kim: Entwicklung eines Parameteridendifikationsverfahrens zur Erhöhung der absoluten Positioniergenauigkeit von Industrierobotern, Diss., Produktionstechnik-Berlin, Forschungsberichte für die Praxis Nr. 63, Carl Hanser Verlag, München Wien 1987

/2.16/ Jacubasch, A,; Kuntze, H.B.; Arber, Ch.; Richalet, J.: Anwendung eines neuen Verfahrens zur schnellen und robusten Positionsregelung von Industrierobotern, in: Robotersysteme 3, 129-138 (1987), Springer-Verlag 1987

/2.17/ Kreis, W.; Harkort, R.: Zitterspiel und Kompensation, in: Roboter 5/87, Verlag moderne industrie, Landsberg 1987

/2.18/ Kreis, W.; Harkort, R.: Offline-Kompensation der Elastizitäten eines Industrieroboters, in: VDI-Z 131 (1989), Nr.4-April, VDI-Verlag, Düsseldorf 1989

/2.19/ Siegler, A.: Fehleranalyse von Robotermanipulatoren als Teil der Bahnberechnung, in: Robotersysteme 4, 233-239 (1988), Springer-Verlag 1988

/2.20/ N.N.: Scriptum Aufbau und Einsatz von Industrierobotern, Vorlesung iwb TU-München

/2.21/ Niehaus, Th.: Rechnergestützte Anwendungsprogrammentwicklung für Industrieroboter u. flexible Automatisierungsgeräte, Diss., Berichte aus der Produktionstechnik WZL TH-Aachen, Nr. 138, VDI-Verlag, Düsseldorf 1987

/2.22/ Spur, G.: Stand der Programmiertechnik für Industrieroboter, Tagungsband FTK '88, Springer-Verlag, 1988

/2.23/ Scherff, B.: Immer Kummer mit der Steuerung, in: ROBOTERtechnik, Sonderpublikation 1990, Verlag moderne industrie, Landsberg 1990

/2.24/ Prager, K.-P.: Kopplung externer Programmiersysteme für Industrieroboter, Reihe Produkt.tech. Berlin, Bd. 33, Hansa-Verlag, München 1983

/2.25/ Pritschow, G., Gruhl, G.: Geometriesensoren und Sensordatenverarbeitung für die automatisierte Roboterprogrammierung, in: Robotersysteme 02/1986, Springer Verlag

/2.26/ Boley, D.: Sensorgestütztes Programmierverfahren für das Entgraten mit Industrierobotern, Reihe: Forschung und Praxis IPA-IAO, Bd. 127, Springer-Verlag, 1988

/2.27/ N.N.: SIROTEC PS1.6 Off-line Programmiersystem, Bedienungsanleitung, Siemens AG, Nürnberg 3/1988

/2.28/ N.N.: ROBOTstar-Offline-Programmiersystem, Dokumentation, Reis GmbH & Co, Obernburg 1988

/2.29/ N.N.: Robcad technical description, Tecnomatix, Offenbach 1986

/2.30/ N.N.:Catia exercises maual robotics, release 2.0, Dassault Systems, Suresnes 1986

/2.31/ Wrba, P.: Simulation als Werkzeug der Handhabungstechnik, Diss., Forschungsberichte iwb TU-München, Bd. 25, Springer-Verlag, 1990

/2.32/ Freund, E.; Hoyer, H.: Ein Verfahren zur automatischen Kollisionsvermeidung für Roboter, in: Robotersysteme 1, 67-73 (1985), Springer Verlag, 1985

/2.33/ Freund, E; Borgolte, U.: Ein Algorithmus zur Kollisionserkennung und -vermeidung bei Robotern mit zylinderförmigem Arbeitsraum, in: Robotersysteme 6, 1-10 (1990), Springer-Verlag, 1990

/2.34/ Tauber, A.: Modellbildung kinematischer Strukturen als Komponente der Montageplanung, Diss., TU-München 1990

/2.35/ Wittenburg, J.; Wolz, U.: Mesa Verde, ein Coputerprogramm zur Simulstion der nichtlinearen Dynamik von Vielkörpersystemen, in: Robotersysteme 1, 7-18 (1985), Springer-Verlag, 1985

/2.36/ Baust, E.: Praxisbuch Dichtstoffe, Kap 3. ff., Industrieverband Dichstoffe e.V. (IVD), Wiesbaden

/2.37/ Wellenreuther, G.; Zastrow, D.: Speicher-Programmierte-Steuerungen 1 SPS, Bd. 1, Vieweg-Verlag, Braunschweig 1987

/2.38/ Holder M.: SPS-Programmieren mit logiCAD, Hüthig-Buch Verlag, Heidelberg 1989

/2.39/ Groha A.; Schönecker, W.: Universelles Zellenrechnerkonzept zur Nutzungsverbesserung flexibler Fertigungssysteme, wt Werkstattstechnik 78 (1988) 313-318, Springer-Verlag, 1988

/2.40/ N.N.: DIN 19245 Teil 1 und Teil 2, Profibus, Entwurf August 1990, Beuth-Verlag GmbH, Berlin 1990

/2.41/ Katz, M.; Biwer, G.; Bender, K.: Die PROFIBUS-Anwendungsschicht; in: atp 31 (1989) 12, R. Oldenbourg Verlag

/2.42/ Schnell, G.: Busse und Netze in der Automatisierungstechnik; in: Produktion, 07.06.90, Nr. 23, Verlag moderne industrie, Landsberg 1990

/2.43/ Suppan-Borowka,J.;Simon, Th.; Spaniol, O.: MAP-Studie, DATACOM-Verlag, Pulheim 1987

/2.44/ Schwarz, K.: Manufacturing Message Specification (MMS), offene Verständigung in verteilten Systemen der industriellen Automatisierung; in: atp 31 (1989) 1, R. Oldenbourg Verlag

/2.45/ Erkes, K.F.; Becker, T.: Realisierung von CIM durch MAP und TOP, in: VDI-Z Bd. 129 (1987) Nr. 2-Februar

/3. 1/ Vester, Frederic: Neuland des Denkens, dtv-Verlag, München 1980

/3. 2/ Hartberger, H.: Wissensbasierte Simulation komplexer Produktionssysteme, Diss., Forschungsberichte iwb TU-München, Bd. 32, Springer-Verlag, 1991

/3. 3/ Wienecke-Toutaui, B.: Rechnergestütztes Planungssystem zur Auslegung von Fertigungsanlage, Diss. TU-Berlin 1987

/3. 4/ Kettner, Schmitt, Kreinen: Leitfaden der systematischen Fabrikplanung, Carl Hanser Verlag, München Wien 1984

/3. 5/ Daenzer, W. F.:Systems Engineering, Verlag Industrielle Organisation, Zürich 1983

/4. 1/ N.N.: SIROTEC RCM 3.1, Produktbeschreibung r15, Siemens, Ausgabe 2/1986

/4. 2/ N.N.: Produktbeschreibung der Klebeanlage SCA AP 2000, SCA Schucker GmbH, Pforzheim

/4. 3/ N.N.:SIROTEC RCM 3.1 Programmieranleitung, Siemens, Ausgabe 1/89

/4 .4/ Schmid, D.; Michalak, E.: Dynamik programmgeführter und sensorgeführter Industrieroboter, in: Robotersysteme 3, 21-28 (1987), Springer-Verlag 1987

/4. 5/ N.N.: SIROTEC Funktionsmodul 09.508 Analogausgabe, Siemens, Ausgabe 4/1986

/4. 6/ Sattlegger, H.: Neutralvernetzende Einkomponeneten-Silicondichtmassen mit hoher Temperaturbeständigkeit, Sonderdokumentationsreihe Klebetechnik-Seminar 8/1987 Rosenheim, Hoch- und Tief temperaturbeständige Klebe und Dichtstoffe und deren Einsatzgebiete, Hinterwaldner-Verlag, München 1987

/7. 1/ Autoren-Kolektiv: Wege zur Verkürzung der Inbetriebnahme- und Stillstandszeiten komplexer Produktionsanlagen, Sonderausgabe AWK Aachener Werkzeugmaschinen-Kolloquium '90, VDI-Verlag, Düsseldorf 1990

iwb Forschungsberichte

Berichte aus dem Institut für Werkzeugmaschinen und Betriebswissenschaften der Technischen Universität München

Herausgeber: Prof. Dr.-Ing. J. Milberg

---

1 **Streifinger, E.**
Beitrag zur Sicherung der Zuverlässigkeit und Verfügbarkeit moderner Fertigungsmittel
1986. 72 Abb. 167 Seiten, ISBN 3-540-16391-3 — 68,- DM

2 **Fuchsberger, A.**
Untersuchung der spanenden Bearbeitung von Knochen
1986. 90 Abb. 175 Seiten, ISBN 3-540-16392-1 — 68,- DM

3 **Maier, C.**
Montageautomatisierung am Beispiel des Schraubens mit Industrierobotern
1986. 77 Abb. 144 Seiten, ISBN 3-540-16393-X — 68,- DM

4 **Summer, H.**
Modell zur Berechnung verzweigter Antriebsstrukturen
1986. 74 Abb. 197 Seiten, ISBN 3-540-16394-8 — 68,- DM

5 **Simon, W.**
Elektrische Vorschubantriebe an NC-Systemen
1986. 141 Abb. 198 Seiten, ISBN 3-540-16693-9 — 68,- DM

6 **Büchs, S.**
Analytische Untersuchungen zur Technologie der Kugelbearbeitung
1986. 74 Abb. 173 Seiten, ISBN 3-540-16694-7 — 68,- DM

7 **Hunzinger, I.**
Schneiderodierte Oberflächen
1986. 79 Abb. 162 Seiten, ISBN 3-540-16695-5 — 68,- DM

8 **Pilland, U.**
Echtzeit-Kollisionsschutz an NC-Drehmaschinen
1986. 54 Abb. 127 Seiten, ISBN 3-540-17274-2 — 68,- DM

9 **Barthelmeß, P.**
Montagegerechtes Konstruieren durch die Integration von Produkt- und Montageprozeßgestaltung
1987. 70 Abb. 144 Seiten, ISBN 3-540-18120-2 — 68,- DM

10 **Reithofer, N.**
Nutzungssicherung von flexibel automatisierten Produktionsanlagen
1987. 84 Abb. 176 Seiten, ISBN 3-540-18440-6 — 68,- DM

11 **Diess, H.**
Rechnerunterstützte Entwicklung flexibel automatisierter Montageprozesse
1988. 56 Abb. 144 Seiten, ISBN 3-540-18799-5 — 73,- DM

12 **Reinhart, G.**
Flexible Automatisierung der Konstruktion
und Fertigung elektrischer Leitungssätze
1988, 112 Abb. 197 Seiten, ISBN 3-540-19003-1 73,- DM

13 **Bürstner, H.**
Investitionsentscheidung in der rechnerintegrierten Produktion
1988, 77Abb. 190 Seiten, ISBN 3-540-19099-6 73,- DM

14 **Groha, A.**
Universelles Zellenrechnerkonzept für flexible Fertigungssysteme
1988, 74 Abb. 153 Seiten, ISBN 3-540-19182-8 73,- DM

15 **Riese, K.**
Klipsmontage mit Industrierobotern
1988, 92 Abb. 150 Seiten, ISBN 3-540-19183-6 73,- DM

16 **Lutz, P.**
Leitsysteme für rechnerintegrierte Auftragsabwicklung
1988, 44 Abb. 144 Seiten, ISBN 3-540-19260-3 73,- DM

17 **Klippel, C.**
Mobiler Roboter im Materialfluß eines flexiblen Fertigungssystems
1988, 86 Abb. 164 Seiten, ISBN 3-540-50468-0 73,- DM

18 **Rascher, R.**
Experimentelle Untersuchungen zur Technologie der Kugelherstellung
1989, 110 Abb. 200 Seiten, ISBN 3-540-51301-9 73,- DM

19 **Heusler, H.-J.**
Rechnerunterstützte Planung flexibler Montagesysteme
1989, 43 Abb. 154 Seiten, ISBN 3-540-51723-5 73,- DM

20 **Kirchknopf, P.**
Ermittlung modaler Parameter aus Übertragungsfrequenzgängen
1989, 57 Abb. 157 Seiten, ISBN 3-540-51724 73,- DM

21 **Sauerer, Ch.**
Beitrag für ein Zerspanprozeßmodell Metallbandsägen
1990, 89 Abb. 166 Seiten, ISBN 3-540-51868-1 78,- DM

22 **Karstedt, K.**
Positionsbestimmung von Objekten in der Montage-
und Fertigungsautomatisierung
1990, 92 Abb. 157 Seiten, ISBN 3-540-51879-7 78,- DM

23 **Peiker, St.**
Entwicklung eines integrierten NC-Planungssystems
1990, 66 Abb. 180 Seiten, ISBN 3-540-51880-0 78,- DM

24 **Schugmann, R.**
Nachgiebige Werkzeugaufhängungen für die automatische Montage
1990. 71 Abb. 155 Seiren, ISBN 3-540-52138-0 78,- DM

25 **Wrba, P**
Simulation als Werkzeug in der Handhabungstechnik
1990, 125 Abb., 178 Seiten, ISBN 3-540-52231-X 78,- DM

26 **Eibelshäuser, P.**
Rechnerunterstützte experimentelle Modalanalyse
mitells gestufter Sinusanregung
1990, 79 Abb., 156 Seiten, ISBN 3-540-52451-7 78,- DM

27 **Prasch, J.**
Computerunterstützte Planung von chirurgischen Eingriffen
in der Orthopädie
1990, 113 Abb., 164 Seiten, ISBN 3-540-52543-2 78,- DM

28 **Teich, K.**
Prozeßkommunikation und Rechnerverbund in der Produktion
1990, 52 Abb., 158 Seiten, ISBN 3-540-52764-8 78,- DM

29 **Pfrang, W.**
Rechnergestützte und graphische Planung manueller
und teilautomatisierter Arbeitsplätze
1990, 59 Abb., 153 Seiten, ISBN 3-540-52829-6 78,- DM

30 **Tauber, A.**
Modellbildung kinematischer Stukturen
als Komponente der Montageplanung
1990, 93 Abb., 190 Seiten, ISBN 3-540-52911-X 78,- DM

31 **Jäger, A.**
Systematische Planung komplexer Produktionssysteme
1991, 75 Abb., 148 Seiten, ISBN 3-540-53021-5 78,- DM

32 **Hartberger, H.**
Wissensbasierte Simulation komplexer Produktionssysteme
1991, 58 Abb., 154 Seiten, ISBN 3-540-53326-5 78,- DM

33 **Tuczek H.**
Inspektion von Karosseriepreßteilen auf Risse und Einschnürungen
mittels Methoden der Bildverarbeitung
1992, 125 Abb., 179 Seiten, ISBN 3-540-53965-4 88,- DM

34 **Fischbacher, J.**
Planungsstrategien zur strömungstechnischen Optimierung
von Reinraum-Fertigungsgeräten
1991, 60 Abb., 166 Seiten, ISBN 3-540-54027-X 78,- DM

35 **Moser, O.**
3D-Echtzeitkollisionsschutz für Drehmaschinen
1991, 66 Abb., 177 Seiten, ISBN 3-540-54076-8 78,- DM

36 **Naber, H.**
Aufbau und Einsatz eines mobilen Roboters mit
unabhängiger Lokomotions- und Manipulationskomponente
1991, 85 Abb., 139 Seiten, ISBN 3-540-54216-7 78,- DM

37 **Kupec, Th.**
Wissensbasiertes Leitsystem zur Steuerung flexibler Fertigungsanlagen
1991, 68 Abb., 150 Seiten, ISBN 3-540-54260-4 78,- DM

38 **Maulhardt, U.**
Dynamisches Verhalten von Kreissägen
1991, 109 Abb., 159 Seiten, ISBN 3-540-54365-1 78,– DM

39 **Götz, R.**
Stukturierte Planung flexibel automatisierter Montagesysteme für flächige Bauteile
1991, 86 Abb., 201 Seiten, ISBN 3-540-54401-1 78,– DM

40 **Koepfer, Th.**
3D- grafisch-interaktive Arbeitsplanung - ein Ansatz zur Aufhebung der Arbeitsteilung
1991, 74 Abb., 126 Seiten, ISBN 3-540-54436-4 78,– DM

41 **Schmidt, M.**
Konzeption und Einsatzplanung flexibel automatisierter Montagesysteme
1992, 108 Abb., 168 Seiten, ISBN 3-540-55025-9 88,– DM

42 **Burger, C.**
Produktionsregelung mit entscheidungsunterstützenden Informationssystemen
1992, 94 Abb., 186 Seiten, ISBN 5-540- 55187-5 88,– DM

43 **Hoßmann, J.**
Methodik zur Planung der automatischen Montage von nicht formstabilen Bauteilen
1992, 73 Abb., 168 Seiten, ISBN 3-540-5520-0 88,– DM

44 **Petry, M.**
Systematik zur Entwicklung eines modularen Programmbaukastens für robotergeführte Klebeprozesse
1992, 106 Abb., 139 Seiten ISBN 3-540-55374-6 88,– DM

45 **Schönecker, W.**
Integrierte Diagnose in Produktionszellen
1992, 87 Abb., 159 Seiten, ISBN 3-540-55375-4 88,– DM

46 **Bick, W.**
Systematische Planung hybrider Montagesyste unter Berücksichtigung der Ermittlung des optimalen Automatisierungsgrades
1992, 70 Abb., 156 Seiten ISBN 3-540-55377-0 88,– DM

47 **Gebauer, L.**
Prozeßuntersuchungen zur automatisierten Montage von optischen Linsen
1992, 84 Abb., 150 Seiten, ISBN 3-540- 55378-9 88,– DM

48 **Schrüfer, N.**
Erstellung eines 3D-Simulationssystems zur Reduzierung von Rüstzeiten bei der NC-Bearbeitung
1992, 103 Abb., 161 Seiten, ISBN 3-540-55431-9 88,– DM

49 **Wisbacher, J.**
Methoden zur rationellen Automatisierung der Montage von Schnellbefestigungselementen
1992, 77 Abb., 176 Seiten, ISBN 3-540-55512-9 88,– DM

50 **Garnich. F.**
Laserbearbeitung mit Robotern
1992, 110 Abb., 184 Seiten, ISBN 3-540- 55513-7 88,– DM

51 **Eubert, P.**
Digitale Zustandsregelung elektrischer Vorschubantriebe
1992, 89 Abb., 159 Seiten ISBN 3-540-44441-2 88,- DM

52 **Glaas, W.**
Rechnerintegrierte Kabelsatzfertigung
1992, 67 Abb., 140 Seiten ISBN 3-540-55749-0 88,- DM

53 **Helml, H.J.**
Ein Verfahren zur on-line Fehlererkennung und Diagnose
1992, 60 Abb., 153 Seiten ISBN 3-540-55750-4 88,- DM

54 **Lang, Ch.**
Wissensbasierte Unterstützung der Verfügbarkeitsplanung
1992, 75 Abb., 150 Seiten ISBN 3-540-55751-2 88,- DM

Die Bände sind im Erscheinungsjahr und in den folgenden drei Kalenderjahren
zu beziehen durch den örtlichen Buchhandel
oder durch Lange & Springer, Otto-Suhr-Allee 26-28, D 1000 Berlin 10